科学奥妙无穷 ▶

贝壳的传说

刘晓玲 编著

北方妇女儿童出版社

目录

目

录

我们的耳朵像贝壳，时常怀念着海的声音；我们的眼睛像贝壳，不时瞻望着海的颜色。漫步在海滩上，随手捡起一个贝壳，你把耳朵贴近贝壳，会传来一阵阵的回响，海洋澎湃的浪潮声响起。贝壳带给你的是前所未有的想象：海水、白鸥、夕阳、水花、珍珠、爱情……

人们说，贝是工具之源，贝壳是人类最原始的生活劳动工具，其中包括传递信息的号角、捕鱼的刀具、盛水的器皿、小孩的澡盆等，这些原始的用具在许多太平洋岛屿上的土著人群中仍能见到。

贝壳还有一些优美的名称，如北美洲的"栗爱神蛤"，印度群岛的"女神黄文蛤"，西太平洋的"仙女长文蛤"等。在人们的眼里，许多贝类都寓意深远，或是象征生命，或是象征平安、富裕和爱情。

另一种关于贝壳的说法是每一对恋人或夫妻就像是合在一起的两片贝壳，贝壳分开了，它会去找寻另外一片！一片贝壳，不见得不幸，两片贝壳，也未必幸福。幸福的真谛是——当它是完整的两片时，它必须是互相包容、密不可分；当它是单独一片的时候，它必须珍爱自己、潇洒自在。

贝壳到底有着怎样的传说，让很多人甘心走向无数片海滩，仅仅为了找到那一片小小的残缺不全的贝壳，如此寂寞地行走了数年？

贝壳之名

贝壳：软体动物的外套膜，具有一种特殊的腺细胞，其分泌物可形成保护身体柔软部分的钙化物，称为贝壳。

贝壳的数量、形状和结构变异极大，有的种类具有一个呈螺旋形的贝壳（如蜗牛、螺、鲍）；有的种类具有两片瓣状壳（如蚌、蚶）；有的种类具有八片板状贝壳，呈覆瓦状排列（如石鳖）；有的种类的一块贝壳被包入体内（如乌贼、枪乌贼）；有的种类贝壳甚至完全退化（如船蛆）。

贝壳的收藏：将贝类的肉、残物和外壳附生物清洗干净，确保贝壳完全干燥，然后将其保存在遮光密闭处。最后是贴上标签，分门别类，以利于收藏和检索。

9

软体动物 ＞

在海底世界里，有一种会给自己造"房子"的动物，它们能从自己的身体里分泌出石灰质，作为建筑材料来建造"房子"，用作自己的栖身之地，这些动物就是贝类。因为它们的身体柔软，所以归属于软体动物。它们建造的"房子"就是那些五光十色的贝壳。软体动物门的种类非常多，在动物界中是仅次于节肢动物门的第二大门。共分为7个纲，即无板纲、单板纲、多板纲、双壳纲、腹足纲、掘足纲和头足纲。除无板纲和单板纲之外，其余5个纲的种类在中国海都有分布。目前，在中国海共记录到各类软体动物2557种，约占我国海域全部海洋生物种的1/8以上。

软体动物是三胚层、两侧对称，具有了真体腔的动物。软体动物的真体腔是由裂腔法形成，也就是中胚层所形成的体腔。但软体动物的真体腔不发达，仅存在于围心腔及生殖腺腔中。软体动物在形态上变化很大，但在结构上都可以分为头、足、内脏囊及外套膜4部分。

头位于身体的前端，足位于头后、身体腹面，是由体壁伸出的一个多肌肉质的运动器官，内脏囊位于身体背面，是由

贝壳的传说

柔软的体壁包围着的内脏器官，外套膜是由身体背部的体壁延伸下垂形成的一个或一对膜，外套膜与内脏囊之间的空腔即为外套腔。由外套膜向体表分泌碳酸钙，形成一个或两个外壳包围整个身体，少数种类壳被体壁包围或壳完全消失。这些基本结构在不同的纲中有很大的变化与区别。软体动物具有完整的消化道，出现了呼吸与循环系统，也出现了比原肾更进化的后肾。

软体动物种类繁多，分布广泛。现存的有11万种以上，还有3.5万种化石，是动物界中仅次于节肢动物的第二大门类。特别是一些软体动物利用"肺"进行呼吸，身体具有调节水分的能力，使软体动物与节肢动物构成了仅有的适合于地面上生活的陆生动物。

软体动物的主要特征：身体柔软，一般分头、足、内脏囊3部分，具贝壳或退化；初生体腔和次生体腔并存，开管型循环系统；消化系统呈U字形，许多种类具齿舌，具肝脏；水生种类以肺呼吸，陆生种类以外套膜一定区域的微血管密集成网的"肺"呼吸；排泄系统包括后肾管和围心腔腺；神经系统一般不发达，但头足类很发达；大多雌雄异体，异体受精；多为间接发育，出现担轮幼虫、面盘幼虫和钩介幼虫。

蜗牛

软体动物的身体结构 〉

软体动物的身体一般可分为头、足和内脏囊三个部分。

头部：位于身体的前端。运动敏捷的种类，头部分化明显，其上生有眼、触角等感觉器官，如田螺、蜗牛及乌贼等；行动迟缓的种类头部不发达，如石鳖；穴居或固着生活的种类，头部已消失，如蚌类、牡蛎等。

足部：通常位于身体的腹侧，为运动器官，常因动物的生活方式不同而形态各异。有的足部发达呈叶状、斧状或柱状，可爬行或掘泥沙；有的足部退化，失去了运动功能，如扇贝等；固着生活的种类，则无足，如牡蛎；有的足已特化成腕，生于头部，为捕食器官，如乌贼和章鱼等，称为头足；少数种类足的侧部特化成片状，可游泳，称为翼或鳍，如翼足类。

内脏囊：为内脏器官所在部分，常位于足的背侧。多数种类的内脏因为左右对称，但有的扭曲呈螺旋状，失去了对称形，如螺类。

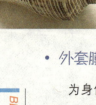

• 外套膜

　　为身体背侧皮肤褶向下伸展而成，常包裹整个内脏囊。外套膜与内脏囊之间形成的腔称外套腔。腔内常有鳃、足以及肛门、肾孔、生殖孔等开口于外套腔。

　　外套膜由内外两层上皮构成，外层上皮的分泌物，能形成贝壳，内层上皮细胞具纤毛，纤毛摆动，造成水流，使水循环于外套腔内，借以完成呼吸、排泄、摄食等。左右两片套膜在后缘处常有一两处愈合，形成出水孔和入水孔。有的种类出入水孔延长呈管状，伸出壳外称为出水管和入水管。

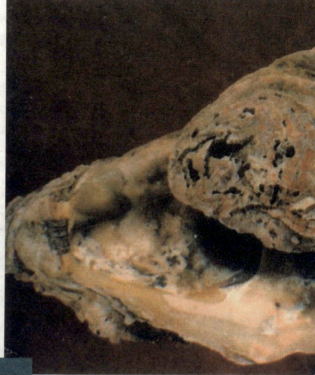

• 贝壳

　　大多数软体动物都具有一两个或多个贝壳，形态各不相同。有的呈帽状；螺类为螺旋形；掘足类为管状；瓣鳃类为瓣状。有些种类的贝壳退化成内壳，有的无壳。贝壳有保护柔软身体的功能。

　　贝壳的成分主要是碳酸钙和少量的壳基质构成，这些物质是由外套膜上皮细胞分泌形成的。贝壳的结构一般可分为3层，最外一层为角质层，很薄，透明，有光泽，由壳基质构成，不受酸碱的侵蚀，可保护贝壳。中间一层为壳层，又称棱柱层，占贝壳的大部分，由角状的方解石构成。最

内一层为壳底，即珍珠质层，富光泽，由叶状霰石构成。外层和中层为外套膜边缘分泌形成，可随动物的生长逐渐加大，但不增厚；内层为整个套膜分泌而成，可随个体的生长而增加厚度。珍珠就是由珍珠质层形成的。当外套膜受到微小沙粒等异物侵入刺激，受刺激处的上皮细胞即以异物为核，陷入外套膜的上皮之间结缔组织中，陷入的上皮细胞自行分裂形成珍珠囊，囊即分泌珍珠质，层复一层地将核包围逐渐形成珍珠。据史料记载，公元前2200多年，我国就有淡水育珠的记载（《书经·禹贡篇》），广西合浦育珠自古就很有名，采摘开始于汉代。

角质层和棱柱层的生长非连续不断的，由于食物、温度等因素影响外套膜分泌机能，贝壳的生长速度不同，因此在贝壳表面形成了生长线，表示出生长的快慢。

贝壳的成长：未成熟的贝壳与长成的贝壳非常类似，只是大小不同。双壳纲贝类沿着两壳边缘生长，贝壳长大后生长方向并不改变；腹足纲类则沿着螺管的壳口

珍珠

以自我盘卷的方式生长。

- **消化系统**

　　软体动物的消化管发达,少数寄生种类退化。多数种类口腔内具颚片和齿舌,颚片一个或成对, 可辅助捕食。齿舌是软体动物特有的器官, 位于口腔底部的舌突起表面, 由横列的角质齿组成, 似锉刀状。摄食时以齿舌作前后伸缩运动刮取食物。齿舌上小齿的形状和数目在不同种类间各异, 为鉴定种类的重要特征之一。小齿组成横排, 许多排小齿构成齿舌。每一横排有中央齿一个, 左右

侧齿一或数对，边缘有缘齿一对或多对。

• 循环系统

软体动物的次生体腔极度退化，残留围心腔及生殖腺和排泄器官的内腔。初生体腔则存在于各组织器官的间隙，内有血液流动，形成血窦。

循环系统由心脏、血管、血窦及血液组成。心脏一般位于内脏囊背侧围心腔内，由心耳和心室构成。心室一个，壁厚，能搏动，为血循环的动力；心耳一个或成对，

常与鳃的数目一致。心耳与心室间有瓣膜，防止血液逆流。血管分化为动脉和静脉。血液自心室经动脉，进入身体各部分，后汇入血窦，由静脉回到心耳，故软体动物为开管式循环。一些快速游泳的种类，则为闭管式循环。血液无色，内含有变形虫状细胞。有些种类血浆中含有血红蛋白或血青蛋白，故血液呈红色或青色。

• 呼吸器官

水生种类用鳃呼吸，鳃为外套腔内面的上皮伸展形成，位于腔内。鳃的形态各异，鳃轴两侧均生有鳃丝，呈羽状，称盾鳃；仅鳃轴一侧生有鳃丝，呈梳状，称栉鳃；有的鳃呈瓣状，称瓣鳃；有些种类的鳃延长呈丝状，称丝鳃。有的本鳃消失，又在背侧皮肤表面生出次生鳃，也有的种类无鳃。鳃成对或为单个，数目不一，少则一个或一对，多则可达几十对。陆地生活的种类均无鳃。其外套腔内部一定区域的微细血管密集形成肺，可直接摄取空气中的

氧。这是对陆地生活的一种适应性。

- ● 排泄器官

　　软体动物的排泄器官基本上是后肾管，其数目一般与鳃的数目一致，只有少数种类的幼体为原肾管。后肾管由腺质部分和管状部分组成，腺质部分富血管，肾口具纤毛，开口于围心腔；管状部分为薄壁的管子，内壁具纤毛，肾孔开口于外套腔。后肾管不仅可排除心脏中的代谢产物，也可排除血液中的代谢产物。另外围心脏内壁上的围心脏腺，微血管密布，可排除代谢产物于围心脏内，由后肾管排出体外。

- ● 神经系统

　　原始种类的神经系统无神经节的分化，仅有围咽神经环及向体后伸出的一对足神经索和一对侧神经索。较高等的种类主要有 4 对神经节，各神经节间有神经相连。脑神经节位于食管背侧，发出神经至头部及体前部，掌控感觉；足神经节位足的前部，伸出神经至足部，掌控运动和感觉；侧神经节发出神经至外套膜及鳃等；脏神经节发出神经至各内脏器官。这些神经节有趋于集中之势，有的种类的主要神经节集中在一起形成脑，外有软骨包围，如头足类。软体动物已分化出触角、眼、嗅检器及平衡囊等感觉器官，感觉灵敏。

淡水蚌

• 生殖和发育

　　软体动物大多数为雌雄异体，但也有不少种类雌雄异形，还有一些为雌雄同体。卵裂形式多为完全不均等卵裂，许多属螺旋型。少数为不完全卵裂。个体发育中经担轮幼虫和面盘幼虫两期幼虫，担轮幼虫的形态与环节动物多毛类的幼虫近似，面盘幼虫发育早期背侧有外套的原基，且分泌外壳，腹侧有足的原基，口前纤毛环发育成缘膜或称面盘。也有的种类为直接发育。淡水蚌类有特殊的钩介幼虫。

软体动物的进化 >

　　关于软体动物的起源有两种说法：一种认为软体动物起源于扁形动物；另一种认为软体动物和环节动物是从共同的祖先进化来的，只是由于在长期进化过程中各自向着不同的生活方式发展，所以最后形成两类不同的动物。后一种说法理由比较充分，因为许多海产软体动物的种类在胚胎发育过程中也像许多环节动物一样具有一个担轮幼虫阶段。再加上两类动物发育都有卵裂，在成体中某些改造上有共同的地方。例如，排泄器官基本属于后肾管型、体腔都是次生的。这个共同的祖先，一部分向着适于活动的方式的道路发展，形成了体节、疣足及发达的头部，这就是环节动物；另一部分向着适应于比较不活动的道路发展，就产生了保护用的外壳和许多适于运动的构造，如分节现象和头部或不出现或退化。同时，也发展了一些软体动物所特有的结构——外套膜。在软体动物各类群之间由于差别较大，并没有更明显的差别来很好地说明彼此间的亲缘关系。

　　在软体动物中，双神经纲是比较原始的，因为它左右对称、次生体腔比较发达，保留着原始的梯形双神经系统。腹足纲是比较低等的类群，因为它具有类似环节动物的担轮幼虫或相似的面盘幼虫阶段。瓣鳃纲（也称作双足刚）动物最显著的特征是呼吸系统的鳃是瓣状鳃。以现生的河蚌为例，每一片瓣状鳃就是一个鳃瓣，它是由两片鳃小瓣构成，在外侧的一片称外鳃小瓣，在内侧的一片称内鳃小瓣。每一鳃小瓣由许多的鳃丝构成，在鳃丝表面有纤毛，内部有血管，还有许多的小孔。在鳃小瓣之间的空隙有瓣间隔的横膈膜分隔开，形成许多鳃水管。由于纤毛的摆动，水由进水管进入外套膜后，有入鳃小孔进入鳃水管，再上升到鳃上腔，最后经过出水管流出体外。在水流过鳃丝的过程中鳃丝内的血液中完成气体交换。这类动物具有两个外套膜，因而有两瓣外壳，它们的低等种类足的底部宽平，匍匐而行，发育过程也出现担轮幼虫，所以它们有可能与腹足类同出一个共同的祖先。头足纲动物的身体结构高度发达，脑、眼及循环系统等都是软体动物中最进化的，在地层中最早发现的软体动物也是头足动物，也可能由于适应快速活动的社会方式，进化较快向着特化的方向发展了。

软体动物的分类

  软体动物可分为7个纲：单板纲、多板纲、无板纲、腹足纲、双壳纲、掘足纲、头足纲。其中仅腹足纲及双壳纲有淡水生活的种类，而腹足纲还有陆生种类，这两纲包含了软体动物中95%以上的种类，其他各纲均为海洋生活。

23

贝壳的传说

• 腹足纲

腹足纲通称螺类，是软体动物中最大的一纲，包括有 75000 生存种及 15000 化石种。腹足纲动物的分布也很广泛，在海洋中从远洋漂浮生活的种类到不同深度及不同性质的海底，各种淡水水域都有它们的分布。特别是腹足纲的肺螺类是真正征服陆地环境的种类，可以在地面上生活，腹足纲是软体动物中最繁盛的一类。腹足纲动物具有明显的头部，体外有一枚螺旋卷曲的贝壳。头、足、内脏囊、外套膜均可缩入壳内。发育过程中，身体经过扭转致使神经扭成了"8"字形，内脏器官也失去了对称性。一些种类在发育中经过扭转之后又经过反扭转，神经不再呈"8"形，但在扭转中失去的器官不再发生，身体的内脏仍然失去了对称性。包括前鳃亚纲、后鳃亚纲及肺螺正纲 3 个亚纲。

腹足纲的主要特征：贝壳 1 个，呈螺旋状，壳口大多具厣；头部明显，有眼及触角，口中有齿舌；内脏囊随螺壳的扭转一般呈螺旋形，左右不对称；有的种类为卵胎生；海产种类具担轮幼虫期和面盘幼虫期。

• 双壳纲

双壳纲通称贝类。它们两侧对称，身体侧扁，都具有两枚发达的贝壳包围整个身体，故名双壳纲。壳具有很好的保护作用；头部不明显，只保留有口，口内亦无口腔及齿舌；身体腹面有一侧扁形如斧状的足，因此双壳纲也称为斧足纲；外套膜发达呈两片状，由身体背部悬垂下来，并与内脏囊之间构成宽阔的外套腔，外套腔内有一对或两对鳃，原始的种类仍为栉鳃，高等的种类鳃呈瓣状，所以双壳纲又称为瓣鳃纲。

瓣鳃的主要功能是收集食物及气体交换。现存种类约有 30000 种。绝大多数为海洋底栖动物，在水底的泥沙中营穴居生活，少数侵入咸水或淡水，没有陆生的种类，极少数为寄生。多数贝类可食用，如蚶、牡蛎、青蛤、河蚬、蛤仔等；有的只食其闭壳肌，如扇贝的闭壳肌干制品称干贝，江珧的闭壳肌称江珧柱。不少种类的壳可入药，有的可育珠，如淡水产的三角帆蚌、海产的珍珠贝等。有的为工业品原料，有的可作肥料、烧石灰等。

双壳纲的主要特征：身体侧扁，左右对称；体表具2 片贝壳，故名双壳类；头部退化，无齿舌；足部发达呈斧状，故名斧足类；鳃 1 ~ 2 对，呈瓣状，故名瓣鳃类；神经系统较简单，有脑、脏、足 3 对神经节；海产种类发生时常有担轮幼虫和面盘幼虫，淡水蚌则有钩介幼虫。

贝壳的传说

鹦鹉螺

头足纲的主要特征：全部海产，肉食性；身体左右对称，分头、足、躯干三部分；神经系统集中，头部发达，两侧有一对发达的眼；原始种类具外壳，多数为内壳或无壳；足着生于头部，特化成腕和漏斗；具漏斗；羽状鳃1对或2对，心耳和肾的数目与鳃一致；口腔有颚片和齿舌；闭管式循环系统。

• 头足纲

头足纲包括鹦鹉螺、乌贼、柔鱼、章鱼等。身体左右对称；头部发达，两侧有一对发达的眼；足的一部分变为腕，位于头部口周围；外套膜肌肉发达，左右愈合成为囊状的外套腔，内脏即容纳其中，外套两侧或后部的皮肤延伸成鳍，可借鳍的波动而游泳。贝壳一般被包在外套膜内，退化形成一角质或石灰质的内骨，称为海螵蛸，可入药；神经系统较为集中，脑神经节、足神经节和脏侧神经节合成发达的脑，外围有软骨包围；心脏很发达；雌雄异体。它们全部海生，化石种类很多，繁盛于中生代，现存约700多种。以鳃和腕的数目等特征分为鹦鹉螺亚纲和蛸亚纲。大多可供食用，鹦鹉螺、乌贼、章鱼等均可鲜食或制成干品。金乌贼肉厚味美，产量很大，为我国四大海产之一。

柔鱼

26

• 掘足纲

掘足纲全部是海产泥沙中穴居的一类小型软体动物。贝壳呈长圆锥形、稍弯曲的管状，两端开口，故又名管壳类。壳的直径由后向前逐渐加大，并向腹面弯曲，因此呈象牙形或喇叭形，壳长4mm～15cm，多数在3～6cm之间。

例如角贝，它的壳呈黄白色，个别种呈明亮的绿色。壳面光滑或具刻纹。前端壳口较大，头与足由此孔伸出壳外，并倾斜埋于泥沙中。后端的壳口较小，一般露出沙面之外，是其出、入水流的通道。身体的形状与壳一致，借背面（凸面）的一柱形肌肉附着在壳上，外套腔位于腹面全长，外套膜在原始的种类仍为两叶状，但多数种类已愈合成一管状，两端开口，靠外套膜表面的纤毛作用以及体内肌肉的收缩以造成水由前端壳口流入，由后端壳口流出。身体前端具圆锥形头，头的周围有一圈细长的触手，或称头丝，其末端具黏着盘，头的顶端为口。足为圆柱形，适合于在泥沙中钻穴活动。足的上端有一圈叶褶，以增加附着，运动时靠足的收缩与附着，以拖引身体向下潜入泥沙。有的种类足末端延伸形成盘状，起锚的作用，使动物附着。

角贝

掘足类动物取食微小的浮游生物，取食时，用头丝黏着食物，再借纤毛作用将食物送入口中，或头丝中肌肉的收缩，将食物直接送入口中。口腔内有一颚及一个发达的齿舌。胃及消化腺位于身体的中部。肠呈"V"形，末端以肛门开口在身体中部的外套腔中。行细胞外消化。掘足类没有鳃，由外套膜进行气体交换。循环系统有血管及血窦而没有心脏，是靠足有节奏地伸出与缩回以推动血液的流动。具一对后肾，外肾孔开口在肛门两侧。神经系统包括脑、足、侧、脏4对神经节。头丝也作为感官，足中也有平衡囊。雌雄异体，生殖腺一个，位于身体后端，生殖细胞经过肾脏排到外套腔中，再由出水孔单个的排到体外。卵在海水中受精，其发育相似于海产的双壳类动物，具担轮幼虫与面盘幼虫。其面盘幼虫的壳及外套是双叶的。生长过程中随着外套叶的延伸及腹缘愈合，结果形成两端开口的管状外套膜及壳。经变态后形成成体。掘足纲动物的头不发达，穴居，以及胚胎发育中早期具双叶状的外套膜及壳，说明它们与双壳纲的原鳃亚纲可能是同源的。目前已知2科300多种，分为2科，我国已发现20余种。

掘足纲的主要特征：贝壳呈长圆锥形、稍弯曲的管状，两端开口；足发达呈圆柱状；头部退化为前端的一个突起。

头足类动物

• 无板纲

　　无板纲是一类身体呈蠕虫状的软体动物，分布在低潮线以下直至深海海底，多数在软泥中穴居，少数可在珊瑚礁中爬行生活，仅有300种左右。绝大多数属于新月贝类，少数属于毛皮贝类。无板纲动物体长一般在5cm左右，细长或肥厚，头不发达。一般软体动物的典型结构如头、足、内脏囊、外套膜在无板类中均不明显或缺乏。体表无贝壳、体壁中包含有角质或石灰质骨刺。蠕虫形身体的腹面中央有一纵行中沟，它是由外套两侧向腹面卷曲形成。在腹沟中有一脊状物，实为其小形

的足，足上亦有纤毛。少数种类如龙女簪及毛皮贝没有足。还有某些柱形穴居种属甚至缺乏腹沟。身体后端具有一个腔，其中包括有肛门及肾孔，因此这个腔被认为是外套腔。穴居的种类外套腔中有一对鳃。口腔中有齿舌，胃中有晶杆囊，肠道直而不盘曲。底栖种类多腐食性，穴居种类多肉食性。多数种类为雌雄同体（毛皮贝例外），生活于我国南海的种类有龙女簪。

　　无板纲的主要特征：体呈蠕虫状、无贝壳、具腹沟。

• 多板纲

多板纲又称有甲纲，通称石鳖。它们身体左右对称，一般为椭圆形，背腹扁，背部有外套膜，腹面为肌肉发达的足部；足与外套膜之间为外套腔，鳃环列于外套腔中足的周围；足的前端有口盘，内有齿舌；肛门在身体后端，与口在同一直线上，外套腔中还有生殖器官和排泄器官的开口；贝壳是由8块彼此关联、做覆瓦状排列的壳片组成，前面的一块称头板，中间的6块称中间板，后面的一块称尾板。这些壳片的大小、形状、花纹和排列方式因种而异，为区分种类的重要特征。通常贝壳不能完全覆盖身体的背部，形成环带。有的种板完全退化，有的种8块板不相关联。它们一般为草食性；雌雄异体，体外受精；卵子在海水中或是在母体的鳃叶间受精孵化；有600多种，另有350左右化石种；世界性分布，全部海产。按嵌入片的形状分为2目：鳞侧石鳖目和石鳖目。我国沿海常见如毛肤石鳖、锉石鳖、鳞侧石鳖等。

多板纲的主要特征：身体扁平，卵圆形；头部不明显；背面有8个覆瓦状排列的贝壳；梯形神经系统；一般以齿舌刮取礁石上的海藻为食；间接发育，具担轮幼虫和面盘幼虫。

• 单板纲

长期以来，人们一直认为单板类是已灭绝的一类软体动物，因为只有在寒武纪及泥盆纪的地层中发现过它们的化石种类，而从未发现过生存的标本。但1952年，由丹麦"海神号"调查船在哥斯达黎加海岸3350米深处的海底发现了10个生活的单板类动物——新蝶贝标本，从而重新引起人们对单板类的极大兴趣。

在此之后，人们又在太平洋及南大西洋等许多地区2000～7000米深的海底先后发现了7个不同的种，使这种原始的软体动物又具有了新的研究价值。新蝶贝体长0.3～3厘米，具有一两侧对称的、扁平的楯形壳，或矮圆锥形壳，壳顶指向前端，因此称单板类。

新蝶贝的外部形态相似于多板纲的石鳖。头部很不发达，有扁平宽大的足，外套膜与足之间有外套沟相隔离。口位于腹面、足的前端，肛门位于身体后端外套沟内。口前方两侧有一对大的具纤毛的须状结构，称缘膜。口后是一对褶状物，称为口后触手。外套沟中有5～6对单栉鳃（鳃轴的一侧具鳃丝）。体内靠两侧有8对足缩肌，口腔内有齿舌，也有发达的消化腺，胃内也有晶杆和晶杆囊，胃的内含物中包含有硅藻、有孔虫及海绵骨针等碎屑，所以新蝶贝也是沉积取食者。肠高度盘旋。身体后端直肠两侧有一对心室、两对心耳，分别包围在一对围心腔中。由两个心室发出的血管联合成前大动脉，也是开放式循环。新蝶贝具有6对后肾，除第一对外，其他各对一端开口在体腔，一端开口到外套沟。神经系统也相似于石鳖，口周围有神经环，并有两对神经索，即足神经索及侧神经索，之间都有横的神经相连。雌雄异体，具两对生殖腺及生殖导管，生殖导管与中部的两对后肾相连，因此生殖细胞仍然是通过肾孔排到体外，体外受精。由于新蝶贝均为深海生活，所以对其生态及发育很少了解，但其楯形壳、爬行足、头化不明显，具齿舌、鳃、肾及肌肉的重复排列，都说明它们的原始性。现在许多动物学家都认为很可能单板类就是现存腹足类、双壳类及头足类的祖先动物。

BEI KE DE CHUAN SHUO

台湾岛

32

常见的软体动物 >

· 虎斑贝

虎斑贝在国内分布于台湾、海南岛和西沙群岛，国外分布在印度—西太平洋热带海区。

虎斑贝是中型个体，贝壳呈卵圆形，壳质坚厚，贝壳长约 104 毫米，宽 65 毫米，高 51 毫米。贝壳表面光滑，犹如瓷器的光亮，色泽的深浅与栖息环境有关，一般呈白色或浅黄色，上面有许多大小不同的褐色或黑褐色斑点，很像虎豹身上的斑点，故而得名。壳口狭长，前部稍宽，内、外唇均具边缘齿，在 25 枚左右。

我国南海中常见的暖水种，经常栖息在水深数米以下的珊瑚礁内。杂食性。交配和产卵多在春季进行，卵常产在珊瑚洞穴、空贝壳或其他隐蔽的地方，卵在卵囊中孵化，1 ~ 2 周之内，即形成幼贝。具有非常美丽的光泽和图案，是珍贵的观赏贝类，但由于人类的肆意捕捉，数量愈来愈少，应予以保护。

虎斑贝在国内被称作"宝贝"，在从前因象征着财富及孕妇平安分娩的吉祥物而受到重视，是一种有美丽纹理及可爱形状的贝壳。用这种贝做成纽扣，常用于流行的时尚设计。

贝壳的传说

琉球群岛

• 珍珠贝

我国广西合浦县自古以来就是有名的出产珍珠的地方。珍珠是贝类的产物，有很多种贝类，例如鲍、蚌、贻贝、江珧、砗磲等，都能产生珍珠。但是最普通、产量大、质量好的，要算是海产的珍珠贝了。珍珠贝也属于双壳类，和贻贝以及扇贝等同是用足丝附着在岩石、珊瑚礁、砂砾或其他贝壳上生活的种类。珍珠贝为暖海产，在我国的福建，特别是广东沿海十分普遍。珍珠贝的种类很多，有珍珠贝、大珍珠贝、马氏珍珠贝、企鹅珍珠贝等。其中以马氏珍珠贝最普通，合浦的珍珠就是从这种珍珠贝采得的。

34

广西合浦附近沿海有很多地方非常适于马氏珍珠贝的繁殖和生长，因而这种珍珠贝的数量较多，出产的珍珠数量自然也就会比其他地方多了。

供您恩珍珠贝：是以合浦贝与黑蝶贝杂交而育成的一种新贝，目的取合浦贝生长快速的优点与黑蝶贝的优良色泽。

解氏珍珠贝：多用于生产药用珍珠，育成的珍珠多为黄色系列。

企鹅珍珠贝：可培育半圆珍珠，分布于日本九州以南、琉球群岛、澎湖、菲律宾及大陆沿海。

- 扇贝

　　扇贝在海产品中有一种非常名贵的东西，叫作干贝。目前出产的干贝很少，远远赶不上人们的需要，所以它的价格特别高。干贝是用扇贝的闭壳肌制成的。扇贝也属于双壳类软体动物，它只有一个闭壳肌，所以是属于单柱类的。它的贝壳很像扇面，所以就很自然地获得了扇贝这个名称。

　　扇贝的种类很多，中国海记录到 44 种，比较常见的有我国北方的栉孔扇贝和南方的华贵栉孔扇贝及广东沿海的日本日月贝，闭壳肌的干品称为"带子"。

36

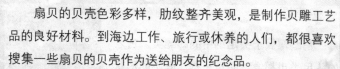

扇贝的贝壳色彩多样，肋纹整齐美观，是制作贝雕工艺品的良好材料。到海边工作、旅行或休养的人们，都很喜欢搜集一些扇贝的贝壳作为送给朋友的纪念品。

扇贝和贻贝、珍珠贝一样，也是用足丝附着在浅海岩石或沙质海底生活的，一般右边的壳在下、左边的壳在上平铺于海底。平时不大活动，但当感到环境不适宜时，能够主动地把足丝脱落，做较小范围的游泳。尤其是幼小的扇贝，用贝壳迅速开合排水，游泳很快，这在双壳类中是比较特殊的。

扇贝一般在海水退潮的时候不露出来，所以捕捞它就比较费事了。在我国沿海，捕捞扇贝主要在北方，而且只有山东省石岛稍北的东楮岛和渤海的长山岛两个地方最有名。

贝壳的传说

- ● 鹦鹉螺

　　鹦鹉螺属于头足纲中的四鳃类。古老的头足类也都像鹦鹉螺一样，有不同形状的贝壳。但到现在它们大都已经灭绝，唯一剩下的只有在海底生活的鹦鹉螺了，所以鹦鹉螺是一种"活化石"，属于国家保护动物，很久以来便是动物进化系统研究中很有价值的材料之一。

　　鹦鹉螺是一种底栖性的动物，平时在海底爬行，偶然也漂浮在海中游泳。它的游泳方式跟乌贼相仿，是利用它的两片互相包被的漏斗喷水进行的。鹦鹉螺的触手数目很多，一共有 90 个。其中有两个合在一起变得很肥厚，当肉体缩到贝壳里的时候，用它盖住壳口，这与腹足类的厣的作用相当。

　　世界上生活的鹦鹉螺一共只有 3 种，数量也不多。它们的贝壳很好看，珍珠层很厚，可供玩赏或制造工艺品。

　　自古，鹦鹉螺就以它令人炫目的美丽让人发出由衷的赞美。出土于东晋南京王兴之夫妇墓的鹦鹉杯以海里稀有贝类动物鹦鹉螺壳为杯身，壳外用铜边镶扣，两侧装有铜质双耳，螺内自然形成的水车轮片状可以储存酒，构思精巧，造型独特，是目前为止六朝考古中唯一的一件。鹦鹉螺杯在出土文物中罕见，但在古代诗文中并不罕见。李白的《襄阳歌》中就有"鸬鹚杓、鹦鹉杯，百年三万六千日，一日须倾三百杯"的诗句。

38

万宝螺

• 万宝螺

　　万宝螺分布于热带印度洋 — 太平洋。栖息地为珊瑚礁附近，一般尺寸为15厘米。以海胆等棘皮动物为食。万宝螺不仅可作为观赏收藏，还可以置于手掌中进行按摩保健。

　　万宝螺整体颜色金黄，尊贵无比，手感光滑而温润，数量稀少难捕捉，其收藏、观赏、装饰价值一流。据民间传说，收藏于家中可招财进宝。

40

法螺艺术

大法螺

• 大法螺

大法螺（又名凤尾螺）因其独特的外形、酷似孔雀尾羽的漂亮花纹和稀少的数量位居四大名螺之首，是所有海螺贝壳中最名贵的品种。

大法螺大多生长在西南太平洋，可作号角，号声浑厚嘹亮，为佛之法音标志，是智慧和力量的象征。吹之则诸天神欢喜，且闻之者灭诸罪障，被视为保平安、驱邪魔之物。

 贝壳石

贝壳石，同斑马石之名来由类似，因外形酷似贝壳而得名，怪不得有人说贝壳石是贝壳的化石。

通常情况下贝壳石为白色和米黄色居多，其底色是深灰色，样子很好看，多产于海边，它是水晶石的一种。

不过大多数情况下，贝壳石会被拿去进行一番细心的加工，经过精美的包装而面世，它可以被加工成各种五颜六色的小饰品，如手链、吊坠、胸针，还可加工成工艺礼品，甚至是家居饰品。

说到工艺礼品，很多人选择它是因为关于贝壳石还有一个神奇的说法，它常被奇石人物们称为风水奇石，因为据说拥有一块贝壳石不仅能够辟邪，而且能使室内充满灵气，财源滚滚来，催促财运及事业的发展，并能给主人带来好运。

所以如果以后你碰到这样一块神奇的石头，千万不要无视它的存在，因为它会给你带来好运。

• 唐冠螺

　　唐冠螺在海南民间俗称皇冠螺，也许因壳顶突角似皇冠而得名。在台湾俗称牛角螺。唐冠螺壳重，外壳大，壳身呈白灰色，螺轴呈桔色，是海南岛最常见的一种大型海螺贝壳。唐冠螺历来是皇权威严的象征，在其上名家精刻古篆文，更显高古风韵。

• 鲍鱼

　　鲍鱼是名贵的海产食品，它的肉好吃。它不是鱼，而是一种爬附在浅海低潮线以下岩石上的单壳类软体动物。

　　在鲍鱼的身体外边，包被着一个厚的石灰质的贝壳，这是一个右旋的螺形贝壳，呈耳状，它的拉丁文学名按字义翻译可以叫作"海耳"，就是因为它的贝壳的形状像耳朵的缘故。

　　鲍鱼的足部特别肥厚，分为上下两部分。上足生有许多触角和小丘，用来感觉外界的情况；下足伸展时呈椭圆形，腹面平，适于附着和爬行。我们吃鲍鱼主要就是吃它足部的肌肉。

　　鲍鱼生活在水流湍急、海藻繁茂的岩礁地带，在沿海岛屿或海岸向外突出的岩角都是它们喜欢栖息的地方。鲍鱼多爬附于岩礁的缝隙或石洞中，它们分布的水深随种类而不同，像我国北方的盘大鲍一般分布在10多米的水深处，在冬季为了避寒向深处移动，深度可达30米。到了春季慢慢上移，有的可在潮线下数米生活。

　　鲍鱼喜欢吃褐藻或红藻，像盘大鲍很喜欢吃裙带菜、幼嫩的海带和马尾藻等。鲍鱼的食量随季节而有变化，一般水温较高的季节吃得多；冬季不太活动，吃得少。

　　鲍鱼的种类很多，分布也很广，我国沿海都有鲍鱼分布。在北方，以大连及长山岛出产较多，出产的都是盘大鲍，它们的个体较大，呈卵球形。在南海出产杂色鲍和耳鲍等，杂色鲍和盘大鲍的形状相似，但个体较小；耳鲍体形较大，贝壳更像耳朵，它足部的肉最肥厚，平时贝壳不能完全把它包在里面。

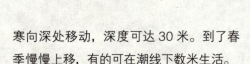

• 石鳖

　　石鳖属于多板纲中原始类型的贝类，它们的颜色和岩石一样，形状有点像陆地上的潮虫。别的贝类身体外面不是有一个就是有两个贝壳，而在石鳖的身体背面，却生长着覆瓦状排列的、由 8 个石灰质壳片形成的一组贝壳。在这些贝壳的周围，外套膜的表面还生有许多小鳞片、小针骨、角质毛等。因此，它的背部就像是一个全身披甲的武士，别的动物很难去侵犯它。

　　石鳖的种类很多，世界各地的海洋里都有分布，通常生活在海水盐度正常的岩礁海岸或盐度较高的大洋底部。

　　石鳖的身体一般很小，我国常见的种类其身体的长度约 2～3 厘米。由于石鳖是贝类中的原始类型，所以在科学研究上具有一定的意义。

贝壳的传说

BEI KE DE CHUAN SHUO

• 牡蛎

　　牡蛎又叫蚝、蛎黄、海蛎子。它的肉很好吃，营养价值很高，所以人们不但采捕自然生长的种类，而且还想方设法对某些种类进行人工养殖。它同贻贝、扇贝、蛏蛏、泥蚶等都是海水养殖的重要对象，在海产品的生产上占有相当重要的地位。目前全世界牡蛎的年产量已超过 100 万吨，可见它非常受重视。

　　牡蛎也有两个贝壳，但是它的这两个贝壳同贻贝的两个贝壳有很大的不同。贻贝的两个贝壳左右对称，而牡蛎因为是用左壳固着在岩石或其他物体上的，所以两个贝壳的大小、形状都不同：左壳稍大、稍凹，而右壳略小、略平。牡蛎贝壳的形状因种类而不同，即便是同一种，由于固着的岩石的形状不同，也常常有很大差异。

　　我国沿海所产的牡蛎种类，约有 20 种左右。最常见的有密鳞牡蛎、近江牡蛎、褶牡蛎、长牡蛎和大连湾牡蛎等 5 种。

墨鱼干

• 乌贼

海里有一种能够吐墨的动物叫乌贼。因为它能吐墨，所以也叫墨鱼。要说乌贼也是贝类，这就很难使人相信了。事实上，乌贼的确属于贝类。它是头足纲二鳃目中的重要代表。

头足纲的软体动物与别的贝类相比有很多不同的地方，这主要是由它们的生活方式所决定的，下面就以乌贼为代表进行介绍。

我们在前面所讲到的一些贝类，除了扇贝、日月贝等极少种类能够利用贝壳的开合做很短距离的游泳以外，一般都没有游泳的能力。它们不是固着在岩石上，钻入杂草或泥沙里不动；就是在岩石上，沙滩上或水草上缓慢地爬行。乌贼可就完全不同了，它不但能够像鱼类一样长期地在海里游泳，而且游泳的速度还非常快，有人称它为"海里的火箭"，这个比喻是非常恰当的。

在乌贼头的前方、口的周围长着8只（分为4对）放射状排列的脚，乌贼的脚长在头顶上，所以我们把这类动物叫作头足类。

乌贼的肉非常好吃，它的肉里含有大量的蛋白质，营养十分丰富，所以它也跟鱼类和其他的贝类一样，成了我们很好的食品。我国沿海每年捕捞的乌贼很多，是我国的四大海产（我国的四大海产是大黄鱼、小黄鱼、带鱼和乌贼）之一。尤其在浙江沿海，乌贼的生产占有非常重要的位置。乌贼可以鲜食，也可以制成乌贼干。

贝壳的传说

• 海兔

有一种叫海粉的海产品，它不仅是消炎退热的良药，而且含有丰富的营养，是我国东南沿海居民所喜爱的大众化食品。海粉是什么东西呢？原来它是一种贝类所产的卵，这种贝类就是海兔。

从外表看，海兔的体形确实像一只兔子，所以它就获得了这个名称。海兔的头部有两对触角，前边的一对较短，是专门负责触觉的器官；后边的一对较长，是专门负责嗅觉的器官。在海兔爬行时，后边的一对触角向前及两侧伸展；在休息时，则直向上伸展，恰似兔子的两只耳朵。

海兔的足很发达，其后侧部向背部延伸，形成包被内脏囊的侧足。它利用发达的足部在海滩上或在水面下悬浮爬行，有时还可以利用侧足的运动做很短时间的游泳。

海兔的贝壳很不发达，是一个薄而透明、仅具一层角质层而且没有螺旋的贝壳。这个贝壳完全覆盖在外套膜之下，从外表根本看不到。

海兔是在浅海生活的贝类，喜欢生活在海水清澈、潮流较通畅的海湾，在低潮线附近的海藻间最多。是海兔对它周围环境的颜色有很好的适应能力。当它食用某种海藻之后不久，就能很快地改变为这种海藻的颜色，这样就可以很好地隐蔽起来，使敌人不能发现。例如：有一种海兔，小的时候以红藻为食，体色为玫瑰红色；大的时候，以海带为食的体色变为褐色，以墨角藻为食的体色变为棕绿色。

- 章鱼

　　章鱼跟乌贼一样，也是属于头足类的动物，因为它的脚也是生在头顶上的。不过它只有 8 只脚，而没有像乌贼那样专门用来捕捉食物的捉脚。它的 8 只脚很长，好像 8 条带子，所以渔民们都把它叫作"八带鱼"。

　　章鱼也是很凶猛的动物。在它的脚上长有吸附力很强的大吸盘。如果我们捉到一个小章鱼，把它拿在手里，它马上就会用吸盘吸住我们的手，要想把它取下来还很费力呢！

章鱼的身体里面也有墨囊，而且所含的墨汁也是含有毒素的，不但可以用来防御敌人，而且还可以用来进攻敌人。一个很有趣的事实是，章鱼在休息的时候，并不是全身一齐休息，而是留有一条或两条长脚值班，不停地转动。尽管它的身体和其他的脚感觉都比较迟钝了，但是，如果轻微地触动到它的值班脚，章鱼就会立刻跳起来，并释放出浓厚的墨汁，把自己隐藏起来。

　　因为章鱼具有强有力的脚和吸盘，又有很好的防御工具，所以在海洋里和它相同大小的动物都会受到它的侵害，就连最大的、装备最好的鳌虾身体的大小虽然和章鱼差不多，但也难免要成为它的牺牲品。

　　章鱼的肉很肥厚，也是优良的海产食品。

• 砗磲

　　砗磲，也叫车渠，是分布于印度洋和西太平洋的一类大型海产双壳类。世界上已被报道的只有 6 种，都生活在热带海域的珊瑚礁环境中。我国的台湾、海南、西沙群岛及其他南海岛屿也有这类动物分布。它们的贝壳大而厚，壳面很粗糙，具有隆起的放射肋纹和肋间沟，有的种类肋上长有粗大的鳞片。

　　砗磲是双壳类中最大的种类，最大的壳长可达 1.8 米，重量可达 500 千克。一扇贝壳便可以供给婴儿做洗澡盆使用。砗磲的贝壳可以制作各种用具，肉可以吃。砗磲的壳外面通常呈白色或浅黄色，里面白色，外套膜缘呈黄、绿、青、紫等色彩，十分漂亮，是不可多得的装饰品。砗磲的肥大闭壳肌加工晒成干品是上等海珍品，

值得大书一笔的是，它具有较高的医疗价值。因为砗磲有着观赏、医用和其他实用价值，而且有传奇色彩，因而，人们称之"龙官瑞宝贝王"。

早在古代就与金、银、珊瑚、玛瑙、琉璃、玻璃合称"七宝"；与黄金、白银、水晶、琉璃、珊瑚、琥珀合为"地平气和分"。

它还是海洋世界中的寿星，寿命可超百岁，据估测，一般壳长1米的个体就已成长百年了，它荣称"贝类之王"是当之无愧的。

砗磲也是稀有的有机宝石，它白皙如玉，高纯白度被视为世界之最。它经历千年孕育生长，磁场能量源源不竭、生生不息，能凝聚宇宙能量、招财、改运、避邪、安神定魄。

在海里生活的砗磲，当潮水涨满把它淹没时，便张开贝壳，伸出肥厚的外套膜边缘进行活动。它们

的外套膜极为绚丽多彩，不仅有孔雀蓝、粉红、翠绿、棕红等鲜艳的颜色，而且还常有各色的花纹。

砗磲也和其他双壳类一样，也是靠通过流经体内的海水把食物带进来的。但砗磲不光靠这种方式摄食，它们还有在自己的组织里种植食物的本领。它们同一种单细胞藻类——虫黄藻共生，并以这种藻类作补充食物，特殊情况下，虫黄藻也可以成为砗磲的主要食物。

砗磲和虫黄藻有共生关系，这种关系对彼此都有利。虫黄藻可以借砗磲外套膜提供的方便条件，如空间、光线和代谢产物中的磷、氮和二氧化碳，充分进行繁殖；砗磲则可以利用虫黄藻作食物。砗磲之所以长得如此巨大，就是因为它可以从两方面获得食物的缘故。

贝壳的传说

BEIKE DE CHUAN SHUO

- 蚶子

　　蚶子是蚶类动物的总称，它们是双壳纲中比较原始的类型。蚶子肉味鲜美，营养丰富，是沿海各地普遍食用的海产品。我国沿海蚶子的种类很多，其中分布最普遍、出产较多的有毛蚶、泥蚶以及魁蚶等。毛蚶产量最大，只采捕天然生长的；泥蚶肉最好吃，主要靠人工养殖；魁蚶个体最大，辽宁省的大连湾产量较多，也是只采天然生长的。蚶子有两扇很厚、很坚固的贝壳。这两个贝壳都很凸，所以两个贝壳合起来差不多呈圆球形。毛蚶的贝壳表面生有棕褐色的毛，所以又叫"毛蛤蜊"。蚶子的左右两个贝壳在背部铰合的部分很窄，呈直线形，上面生有一列小齿。两个贝壳就是用这些小齿互相嵌合在一起的。这是蚶子很明显的特点。

54

　　蚶子的两扇贝壳在腹面可以张开或关闭，张开时足可以从前方伸出来活动。那么蚶子是怎样张开或关闭它的贝壳的呢？和其他双壳类一样，在它身体里面有两块强壮的肌肉，这两块肌肉一前一后，它们的两端分别固着在左、右两个贝壳的内面。当肌肉收缩时，肉柱缩短，可以把两扇贝壳拉近、拉紧，使它关闭起来。这两块肌肉叫作闭壳肌。蚶子的前、后两个闭壳肌大小差不多，因此，在分类学上蚶子是属于等柱类的。蚶子喜欢生活在内湾河口附近的软泥底质中。因为它没有水管，所以潜入泥面下的深度不大，只是在泥底的表层埋栖。

55

❯ 紫贝壳的爱情故事

　　紫贝壳，贝壳的一种，因颜色泛紫而得名。它数量极为稀少，为深海海贝，因此非常珍贵。

　　紫贝壳代表了完美、坚贞不移的浪漫爱情，是爱的守护神，拥有紫贝壳的恋人也会得到神的眷顾而拥有浪漫爱情，和所爱的人在一起一辈子，来生依然能够相遇、相知、相许、永不分离。如果您已经遇到了生命中的 TA，请一定记得送 TA 紫贝壳。就如同世间的缘分，相信它一定会给你们带来好运。让紫贝壳见证你们的爱情故事，或许你们就是下一对儿紫贝壳恋人。

　　传说王子为了找寻心中完美无缺的爱情，和巫婆做了契约。于是巫婆就交给他一只紫色的贝壳，并且告诉他，另外一只紫色贝壳的拥有者就是他完美的爱人。于是，王子就带上紫色贝壳，踏上了寻找爱人的旅程。一路上，有很多贪图荣华富贵的女子拿着假的紫贝壳来找王子。王子十分明白，真正的紫贝壳在两方的拥有者把它们拼接起来后，就会变成一个漂亮的心形！王子很苦恼，因为命中注定的爱人一直没有出现。直到有一天一位穿着脏兮兮的裙子的女乞丐敲开了王子的房门，信誓旦旦地对王子说她就是他命中注定的爱人！王子疑惑地接过女乞丐手中的紫贝壳，仔细地把它们拼接了起来，结果竟然成功了！紫贝壳变成了一颗完整的心形！紫贝壳里发出璀璨夺目的光芒，将女乞丐身上的脏污一一去掉，她变成了漂亮的公主。后来他们就幸福地生活在了一起，一直到老，永远都未分开！

贝壳的传说

• 宝贝

在海产的贝类中，有很多种具有非常美丽光泽的贝壳，无论是古代还是现代，人们都是非常喜爱它们的。在这些种类中，最有名的是宝贝。在古代还没有黄金、货币的时候，人们就是用这些宝贝的贝壳当作货币使用的。因此传下来这样的说法，一切有价值的、珍奇的东西就都称宝贝。

宝贝是生有一个贝壳的单壳贝类。大部分生活在热带和亚热带海洋里。在我国的福建、台湾、广东、海南以及东沙、西沙群岛等沿海，都可以找到很多种宝贝。

宝贝的贝壳一般都近于卵圆形，壳面非常光滑，而且随着种类的不同具有各种不同的花纹，非常好看，犹如人工制造出来的美术品。宝贝为什么那样光泽呢？我们可以从宝贝的生活状况来说明这个问题。

宝贝也和其他贝类一样，是营爬行生活的。它在爬行的时候，头部和足部都从壳口伸出来。除了头部和足部以外，宝贝边缘的外套膜就从贝壳的腹面两侧向上把贝壳整个包被起来。这样，当宝贝活动的时候，贝壳总是被翻出来的外套膜包围，外套膜能经常分泌珐琅质，使贝壳着上光泽。

货贝

　　宝贝的种类很多，在我国沿海已经发现的就有40多种。其中最普通的一种叫货贝，这是一种小型的宝贝，贝壳椭圆形，淡黄色或金黄色，背面常有两道灰色的横纹，极为光亮。这种宝贝，在古代曾被很多地区当作货币使用。现在我们写的"贝"字，就是按照这种宝贝的形状创造出来的。货贝的分布范围仅限于热带海区，我国的海南省南部、西沙群岛等地都很常见，退潮以后，在珊瑚礁上可以很容易地找到它。另一种比较常见的宝贝叫绶贝，这是一种中等大小的宝贝，贝壳淡褐色，上面被有纵横交错的棕色条纹和星状圆斑，两侧缘及基部有紫褐色斑点。它生活在低潮线附近的岩石缝隙或珊瑚礁的洞穴中。还有一种比较常见的、大的宝贝叫作虎斑宝贝。它的贝壳灰白色或淡黄色，上面有许多大小不同的褐色或黑褐斑点很像虎身上的斑点。它生活在低潮线以下数米深的珊瑚礁或珊瑚礁间的沙滩上，海南省南部和西沙群岛比较多见。

贝类的眼泪——珍珠 ⟩

珍珠是一种古老的有机宝石，产在珍珠贝类和珠母贝类软体动物体内，由于珍珠贝类和珠母贝类软体动物体内分泌作用而生成的含碳酸钙的矿物（文石）珠粒，大量微小的文石晶体集合而成的。根据地质学和考古学的研究证明，在2亿年前，地球上就已经有了珍珠。国际宝石界还将珍珠列为六月生辰的幸运石、结婚13周年和30周年的纪念石。具有瑰丽色彩和高雅气质的珍珠，象征着健康、纯洁、富有和幸福，自古以来为人们所喜爱。

• 形成原理

外因：蚌的外套膜受到异物（沙粒、寄生虫）侵入的刺激，受刺激处的表皮细胞以异物为核，陷入外套膜的结缔组织中，陷入的部分外套膜表皮细胞自行分裂形成珍珠囊，珍珠囊细胞分泌珍珠质，层复一层把核包被起来即成珍珠。以异物为核称为"有核珍珠"。

内因：外套膜外表皮受到病理刺激后，一部分进行细胞分裂而后发生分离，随即包被了自己分泌的有机物质，同时逐渐陷入外套膜结缔组织中，形成珍珠囊而后形成珍珠。由于没有异物为核，称为"无核珍珠"。

现在人工养殖的珍珠，就是根据上述原理，用人工的方法，从育珠蚌外套膜剪下活的上皮细胞小片（简称细胞小片），与蚌壳制备的人工核，一起植入蚌的外套膜结缔组织中，植入的细胞小片，依靠结缔组织提供的营养，围绕人工核迅速增殖，形成珍珠囊，分泌珍珠质，从而生成人工有核珍珠。人工无核珍珠，是对外套膜施术时，仅植入细胞小片，经细胞增殖形成珍珠囊，并向囊内分泌珍珠质，生成的珍珠。

• 形状分类

圆珠：指形态为圆形的珍珠，按圆度分为三种，即正圆珠、圆珠和近圆珠。正圆珠是指圆度最好的，商业上也俗称为走盘珠，最大直径和最小直径之差与平均直径之比小于 1%；圆珠是指形态很圆的珍珠，其直径差的百分比在 1% 和 5% 之间；近圆珠指形态上比较接近圆珠的珍珠，其直径差的百分比在 5% 和 10% 之间。

椭圆珠：指形态为椭圆形状的珍珠，长短直径比大于 10%。可进一步按长短直径差百分比为短椭圆和长椭圆，短椭圆长短直径差的百分比为 10% 至 20%，长椭圆直径差的百分比大于 20%。

扁形珠：指形态为扁平面形，有一面或两面近似平面状，如扁圆形、扁椭圆形、饼形、菱形、方形等。

玛比珠：是一种半边珍珠，也称馒头珠、半圆珠、玛贝珠。

异型珠：除圆珠、椭圆珠、玛比珠以外的其他形态各异的珍珠也为数不少，梨形、水滴形、米形、土豆形、豆形及其他形状的珍珠商业上统称为异型珍珠。

贝壳的传说

BEI KE DE CHUAN SHUO

• 珍珠品种介绍

南洋珍珠：指产于南太平洋海域沿岸国家的天然或养殖的海水珍珠，其产珠贝主要为大珠母贝或马氏贝，主要出产国包括澳大利亚、印度尼西亚、菲律宾、缅甸、泰国等。

南海珍珠：中国南海海水养殖珍珠大规模进入国际市场是20世纪80年代，产量已接近日本海水珍珠的水平。中国海水养殖珍珠主要来自广西的合浦和北海、广东的雷州半岛以及海南的三亚等地。

欧卡娅珍珠：产自日本南部沿海港湾地区。珍珠母贝名为欧卡娅，该品种颗颗精圆，光泽强烈，颜色多为粉红色、银白色，一般直径为6～9毫米。欧卡娅珍珠是日本珍珠养殖场专产珍珠。出产的第一批人工养殖珍珠是在20世纪20年代，白色、玫瑰色的折光色彩使珍珠呈现美丽的外表。欧卡娅族珍珠是高质量的珍珠，配置黄金做成首饰非常完美。这一系列珍珠很少有瑕疵，并且拥有浓重、美丽的光泽。

淡水珍珠：淡水珍珠绝大部分来自中国，产量占全世界的80%，每年中国都举办中国（国际）珍珠节。淡水珍珠的珍珠母贝为马氏珠母杂交贝或河蚌，

淡水珍珠的圆度和光泽是影响其价格的主要因素。淡水珍珠看起来非常接近于欧卡娅族珍珠，但是其价格仅是欧卡娅族珍珠的1/5。需要权衡的是淡水珍珠一般来说比较小，不太对称，当串成链时，相称效果不是那么好。当然，权衡价格之后，淡水珍珠亦不失为完美的礼物。

塔希提黑珍珠：又称大溪地黑珍珠。产于南太平洋法属波利尼希亚群岛的珊瑚环礁。珍珠母贝是一种会分泌黑色珍珠质的黑蝶贝。黑珍珠的美在于它黑色基调上具有各种缤纷的色彩，最被欣赏的是孔雀绿、浓紫、海蓝等彩虹色，它强烈的金属光泽随珍珠的转动而变幻，远非其他改色珍珠可比。一般黑珍珠的直径为8～16毫米。从圆形到梨形甚至环带状都有。塔希提黑珍珠给人一种生动的格调。这种珍珠传统上称为黑珍珠，但是它们的颜色系列由金属银色——铅笔铅的颜色组成。在这一系列颜色里，它们还伴有在光的折射下有不同颜色的泛光，如绿色、浓紫色或海蓝色。

• 珍珠文化

　　珍珠文化源远流长，在中华文明 5000 多年的历史长河中，有珍珠记载的历史达 4000 多年。从秦朝起，珍珠已成为朝廷达官贵人的奢侈品，皇帝已开始接受献珠，东汉桂阳太守文砻向汉顺帝"献珠求媚"，西汉的皇族诸侯也广泛使用珍珠，珍珠成为尊贵的象征。清代《大清会典》记载：皇帝的朝冠上有 22 颗大东珠，皇帝、皇太后、皇后、皇贵妃及妃嫔以至文官五品、武官四品以上官员皆可穿朝服、戴朝珠，只有皇帝、皇太后、皇后才能佩戴东珠朝珠。东珠朝珠由 108 颗东珠穿成，体现封建社会最高统治者的尊贵形象。

　　在西方文艺复兴时期，名画《维纳斯诞生》惟妙惟肖地描绘了珍珠形成的神话故事：维纳斯女神随着一扇徐徐张开的巨贝慢慢浮出海面，身上流下无数水滴，水滴顷刻变成粒粒洁白的珍珠，栩栩如生，给人们以美的感受。

　　有史以来，珍珠一直象征着富有、美满、幸福和高贵。封建社会权贵用珍珠代表地位、权力、金钱和尊贵的身份，平民以珍珠象征幸福、平安和吉祥。

• 产珠贝类

能够产生珍珠的贝类，多为珍珠贝科动物马氏珍珠贝或蚌科动物三角帆蚌、褶纹冠蚌等双壳类动物。

珠贝母别名为珍珠贝，为暖海底栖贝类，具两枚介壳，左右不等，左壳比右壳略大，且凹陷较右壳为深。壳之长度与高度差不多相等，通常长高为6~7厘米，大者可大于10厘米。前耳突大而短，后耳突长。壳面黄褐色，具黑色放射条纹。生长极明显。具有密生鳞片，易碎断，近壳顶处较为平滑。壳内白色或带淡黄色，富有珍珠光泽。壳缘较薄，呈黄褐色，铰合处平直有1～2个主齿。韧带细长，褐色。闭壳肌痕大，略呈耳形，几乎位于壳之中央。壳顶位于前端，距离近。足小，能生足丝线，于右壳前面之小孔伸出。附着于岩礁沙。当珍珠母贝和蚌贝在水中生长时，若偶然遇有细微的沙粒或较硬质的生物窜入壳中外套膜内，外套膜受到刺激后，殊感不适，遂分泌真珠质逐渐包围由外窜入之沙粒或生物，并日益增大成为珍珠。

养珠亦系利用此原理，一般选用3龄左右个体，施行插核手术，有意识地放入沙粒，让外套膜感觉不适而分泌许多真珠质来包被这些进入的沙粒，因而形成了人工珍珠，甚至人为地将投入物作成各种形状，结果所得的养珠也是各式各样的。产于暖海1～10米深处。幼体栖息地区较浅，长大后渐向深海区移动。主要分布于海南岛及广东其他

褶纹冠蚌

珍珠贝

沿海地区。

　　褶纹冠蚌：淡水底栖贝类。壳厚大，外形略似不等边三角形。前部短而低，前背缘冠突不明显，后部长高，后背缘向上斜出伸展成为大形的冠。壳的后背部自壳顶起向后有一系列的逐渐粗大的纵肋。后缘圆。腹缘长近直线。位于距前端壳长约1/6 处，有数条肋脉。成体的冠常仅留残痕，幼体的贝壳一般完整。壳表面深黄绿色至黑褐色，壳顶常受侵蚀而失去表层颜色。铰合部强大，韧带粗壮，位于冠的基部。左右两壳各具有一高大的后侧齿。前侧齿细弱，后侧齿下方与外面相应有纵突和凹沟数个。前闭壳肌痕大呈楔状，伸足肌痕圆形，前缩足肌痕小而深，后闭壳肌痕大而浅，外套肌痕宽，真珠层有光泽。生活在江河、湖沼的泥底，行动缓慢。

　　构成珍珠和贝壳的物质，大部分是碳酸钙。碳酸钙随结晶时条件的不同而形成方解石、霰石等，珍珠是由霰石构成的，而贝壳是由方解石构成的棱柱层。因此，它们虽然同是碳酸钙结晶，但由于结晶系的不同，所以就形成不同的物质——珍珠和贝壳。

67

贝壳的传说

玛比珍珠：是一种半边珍珠，也称玛贝珠、馒头珠和半圆珠。一般在采集完已养殖好的珍珠后，将预制的半边形的珠核插入贝壳的内壁，使凸面朝向珠母贝的套膜，平面贴紧珠母的壳壁，插好后再放入水中喂养，日积月累，珍珠层将外珠核一层一层地包起来形成半圆形，采集时将其同部分珠母贝壳壁一起提取出来抛磨成一件饰品，故其个体硕大。玛比珠实质上是一种再生珍珠，在此之前，每个珍珠贝可先生产两粒圆形珍珠，而后可再养殖 3~7 粒玛比珠，尤以澳大利亚玛比珠的产量和质量都很高，其特点是颗粒大、具极出色的光泽、纯净的银白色以及光滑的表面。最小的也有 10 毫米，大的可至 17 毫米或更大，并呈圆形、水滴形、椭圆形及心形等各种形状。目前世界珠宝市场十分流行玛比珠首饰，用玛比珠创作的独特而优雅的珠宝饰物不仅受到淑女贵妇们的喜爱，而且也受到了绅士们的特别青睐。

鉴别珍珠简法

1. 珍珠用小火灼烧，外表会变黑（烟灰），擦拭后珍珠光彩依旧；大火烧之，则有爆裂声，天然珍珠较养殖珍珠爆裂声强，裂片为无数较薄的弧形小碎片，银灰色，并伴有七彩光泽，其外围呈半透明状。人造珠形状整齐划一，用火烧会烧焦，有塑料气味，灰烬呈平状或碎块状，色黑无光泽。

2. 珍珠置香蕉水中数分钟，振摇，光彩不减。伪品在香蕉水中稍加振摇，数分钟表面光泽全部脱落，余下的珠体呈乳白色、乳黄色或洁白色，半透明状，无光泽，有的显细密的平行纹理，有的可见小凹点或圆形小孔。

3. 重量相近的珍珠，从60厘米高度自由落在玻璃板上，海水珍珠跳跃高度可达15～25厘米，淡水珍珠可达5～10厘米。伪品因为加了包衣层，自由落在玻璃板上时跳跃高度较低。

4. 珍珠形态各异，有天然的虹彩珠光和金属样光泽反射，因此每一粒珍珠的光泽都有区别。人造珠形状整齐划一，珠光暗淡。

5. 珍珠互相摩擦后有涩感，与玻璃摩擦仍有涩感。假珠互相摩擦后有光滑感觉，假珠与玻璃摩擦也有光滑感。

6. 珍珠触及皮肤有凉快感觉，用嘴向珍珠呵气，表面会出现气雾状。假珠触及皮肤有光滑感，温暖。

● 盘中的贝壳

海鲜 >

出产于海里的可食用的动物性或植物性原料通称为海鲜。海鲜多指海味，中国就有"山珍海味"之说。海鲜一般分为活海鲜、冷冻海鲜和干海鲜。

71

• 海鲜历史

"海鲜"，古称"海错"，意谓海中产物，错杂非一。追溯如东海鲜风味菜品的源头，虽无确切的文字依据，但根据考古学家的考证，至少在距今4000—6000年前的新石器时代，人类已懂得采拾贝类以供食用，而且已有熟食加工了。翻开烹饪古籍资料，发现有关海鲜的记载主要有三个方面：一是饮食养生，二是烹饪技巧，三是海鲜菜品；尤以海鲜菜品的记载最为丰富。据史料查实，传统海鲜饮食烹制、调味方法、用料组合以及对火候的把握都已自成一体。

早期人类的文化当中，海鲜是一个重要的食物来源，人类利用篓和篮这类的工具在河流和湖中捕鱼，古埃及文明中，可见到以鱼叉标记的计数方式。

日本古代绳文时代，贝类是他们的主食，考古学家利用这些食用后被丢弃的贝类，计算该地当时的人口数量。

• 营养价值

水产类包括各种海鱼、河鱼和其他各种水产动植物，如虾、蟹、蛤蜊、海参、海蜇和海带等。它们是蛋白质、无机盐和维生素的良好来源，尤其蛋白质含量丰富，比如 0.5 千克大黄鱼中蛋白质含量约等于 0.6 千克鸡蛋或 3.5 千克猪肉中的含量。鱼类蛋白质的利用率高达 85%~90%。鱼类的脂肪含量不高，一般在 5% 以下。鱼类中维生素 B_1 的含量普遍较低，因为鱼肉中含有硫胺素酶，能分解破坏维生素 B_1 所致。维生素 B_2、尼克酸、维生素 A 含量较多，水产植物中还含有较多的胡萝卜素。鱼类中几乎不含维生素 C。海产类的无机盐含量比肉类多，主要为钙、磷、钾和碘等，特别是富含碘。

水产品是蛋白质、无机盐和维生素的良好来源。尤其蛋白质含量丰富。鱼类蛋白质的氨基酸组成与人体组织蛋白质的组成相似，因此生理价值较高，属优质蛋白。鱼肉的肌纤维比较纤细，组织蛋白质的结构松软，水分含量较多，所以肉质细嫩，易为人体消化吸收，比较适合病人、老年人和儿童食用。另外，鱼类脂肪的含量与组成和畜肉明显不同，鱼类的不但含量低，且多为不饱和脂肪酸，因此熔点低，极易为人体消化吸收，消化吸收率可达 95%以上；还具有一定的防治动脉粥样硬化和冠心病的作用。鱼类蛋白质属优质蛋白，易为人体消化吸收，比较适合病人、老年人和儿童食用。且脂肪含量低，有一定的

防治动脉粥样硬化和冠心病的作用。

尽管水产动物营养丰富，但若食之不当，也会产生危险，甚至会送命——例如河豚鱼。鱼肉和畜肉不同，其所含的水分和蛋白质较多，结缔组织较少，因此较畜肉更容易腐败变质，且速度也快，有些鱼类即使刚刚死亡，体内往往已产生食物中毒的毒素。因此，吃鱼一定要新鲜。有些水产动物易感染肺吸虫和肝吸虫，特别是小河和小溪中的河蟹，常是肺吸虫的中间宿主，如吃时未煮熟，就可能致病。所以在烹调加工时，应注意烧熟煮透。还有一些鱼，主要是青皮红肉鱼，如鲐鱼、金枪鱼等，体内含有较多的组织胺，体质过敏者吃后会引起过敏反应，如皮肤潮红、头晕、头痛、有时出现哮喘或荨麻疹等，因此要特别注意。

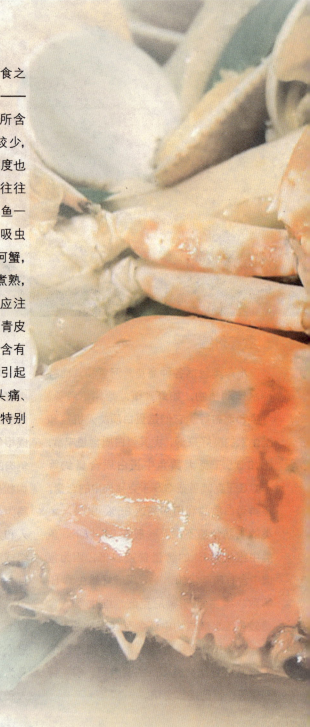

● 海鲜的运输

1. 配制合适的人工海水：海鲜水产运抵目的地后，先要进行清拣，剔除那些死亡、严重受伤及患病的，然后进行冲洗。冲洗方法是将海鲜品用淡水或 0.001‰ 的高锰酸钾溶液冲洗 1 分钟。如使用城市中自来水作为存养海鲜的水源，一定要经曝晒或化学方法除氯后方可使用，经去氯后的水用深缩海水或固体海水素调配至所需要的盐度，即制成人工海水，便可用以存养海鲜品。

2. 控制适宜的水温：水温是海鲜存养的重要因素，一般控制在适温范围的下限，减缓其新陈代谢，海鲜适宜的水温一般保持在 18℃ ~15℃。温度升高，水中的含氧量就会减少，将致水质发生变化，引起缺氧，水温升高还会促进水中细菌的生长繁殖。因此，温度过高时，对存养生物不利，易引起病害，造成损失。水温过低时，会影响其存活率，则应设法提高水温。

3. 保持充足的溶氧：鱼类、虾、贝等均是用鳃呼吸水中的溶解氧，存养期间若发现浮头，说明水中缺氧，一般存养海鲜水中溶解氧含量应保持在 5 毫克 / 升以上，低于 3 毫克 / 升时，不适合鱼类生存。水中溶解氧的含量与存养密度、水中有机物质多少、气压高低有关。因此改良水质，配置增氧装置，增加换水次数，减少存养的数量，增加光照时间，采用水循环系统，过滤暂养池（缸、箱）的水，均可增加水中溶解氧的含量。

• 巧吃海鲜

海鲜菜，因所选择的原料新鲜，且讲究口味清淡，注重营养，用了涮、蒸、熏、煎、氽、炸、炖等多种烹调技法成菜，故成菜具有鲜香脆嫩、味美可口、风味别致的特点。

目前，海鲜菜的影响越来越大，学习烹制海鲜菜的厨师也越来越多。这里，烹制海鲜菜的一些介绍如下：

1. 按季节选料：海鲜产品的质量和口味与季节有很大关系。什么季节吃什么海鲜味道最美，这里面的学问可大了，所以，烹制海鲜菜要准确地把握海鲜的季节性。如吃海鲜鱼，讲究春吃黄花鱼、梭鱼、鲫头鱼，夏吃鲶鱼（近海所产的鲶鱼）、目鱼、马口鱼，秋吃刀鱼，冬吃银鱼。又如吃海蟹，沿海渔民有春吃海蟹更肥美之说。另外是吃虾，虽然市场上一年四季都有虾供应，但虾最肥美的季节还是每年的4—10月份，此段时间内，虾的口味最佳。

2. 海鲜因产地不同而质地有别：海鲜产地不同，质地也有一定的区别。如带鱼的产区为山东半岛、浙江、福建、广东和山海关沿海，虽然山东烟台、青岛和浙江沿海的产量最高，但山海关所产质量最好，味道最佳。黄花鱼的产地主要分布在我国沿海，其产量是渤海最高，而秦皇岛所产的最珍。毛蚶在我国南北沿海均产，只是渤海湾产量最多，质量也最佳。总之，烹制海鲜菜，首先要掌握好海鲜的产地和最佳食用季节。

3. 根据原料的新鲜程度，选择不同的烹调方法：用新鲜的海鲜原料烹制菜肴，菜品鲜味浓、腥味少，反之则腥味浓、鲜味少。实际上，每天海鲜的新鲜程度都不会完全一致，所以我们需要根据具体情况选择不同的烹调方法。如新鲜的黄花鱼，我们可采用清蒸、氽汤、清炖、油浸的方法成菜，稍次一些的可采用清烧、红烧的方法成菜，再不新鲜的则可用酱烧、干炸的方法成菜。同是大虾，新鲜的可采用清蒸、白灼，差一点的可用干油焖、炸烹，再差一点的则可用于炸虾段或软炸虾仁。另外，如毛蚶，鲜活的可用作涮、氽、拌，差一点的则可用作酱烧、辣炒。

4. 掌握正确的初加工方法：烹制海鲜菜，在选料后要先进行初加工。初加工方法正确与否，最终将影响到海鲜菜的成菜质量。如烹制"糖醋对虾""清蒸对虾""椒盐对虾""干烧对虾"等菜肴时，应要求虾体完整，形状美观。初加工时，应先剪去虾枪及虾眼的前半部分，然后再去掉前脚须和尾刺。又如烹制造型工艺菜"金鱼大虾""灯笼大虾"时，应先去掉虾头，剥去外壳，再除净脚须和尾刺，留虾尾及相连的最末一节虾壳，最后还要从背部划一刀，除净沙肠。又如烹制墨斗鱼、八爪鱼时，应先去其骨，除净内脏（注意不要拉破墨囊，以免溢出墨汁而不易洗净），然后剥去外皮，这样鱼肉才会洁白细嫩。经过初加工后，便可烹调出鲜嫩味美的佳肴。其具体正确的初加工方法是：首先将墨斗鱼或八爪鱼的头与身子分开，把双眼

各划一刀，挤掉眼睛内的墨汁和一圆点硬物，再取下中间吸盘上的一片黑褐色角质，随后从圆筒形体的背部剖开，取出脊骨，撕净里面的黑色蒙皮，洗净后即可切片、切丝，或剞各种花刀，然后再进行烹制。

少数人因天生缺少分解组织胺的酵素，吃了现捞的新鲜鱼或海鲜，就会引起过敏（过敏是一种慢性病，和体质有关。许多人一吃海鲜，如虾、鱼、螃蟹等，就会发生不同程度的过敏反应，大部分表现为身体某些部位，如脸部、腿部、胳膊，甚至全身，起疙瘩并伴有瘙痒症状。）。敏易清高效清除过敏，改变过敏体质。敏易清可有效保护肥大细胞、嗜碱细胞，使其在过敏原作用下难以释放过敏介质；抗氧化物还会在支气管、皮肤黏膜上形成保护膜，彻底隔离它们与过敏介质接触；抗氧化物更能调节体液免疫，使过敏原与机体不良免疫反应降到最低限度，根本改善过敏体质，实现三重保护。

另外，吃海鲜最好先把海鲜冷冻、再浇点淡盐水。吃的时候多蘸点醋，慢慢地细嚼，使唾液中的酶能减缓过敏原在胃肠道里的吸收。

牡蛎及一些水生贝类常存在一种"致伤弧菌"细菌。对肠道免疫功能差的人来说，吃海鲜具有潜在的致命危害。不要贪鲜，最好煮熟煮透再吃，这样吃起来更安全。

吃海鲜不宜喝啤酒。食用海鲜时饮用大量啤酒会产生过多的尿酸，可在关节中形成尿酸结晶，使关节炎症状加重。

　　海鲜忌与某些水果同食。鱼虾含有丰富的蛋白质和钙等营养物质，如果与含有较多鞣酸的水果同吃，会降低蛋白质的营养价值，而且容易使海味中的钙质与鞣酸结合，形成一种新的不易消化的物质。含有鞣酸较多的水果有柿子、葡萄、石榴、山楂、青果等。水果的某些化学成分容易与海鲜中的钙质结合，从而形成一种不容易消化的物质。这种物质会刺激肠道、引起腹痛、恶心、呕吐等症状。因此，海鲜与这些水果一起吃，至少应间隔 2 小时。

　　虾类忌与维生素 C 同食。科学家发现，食用虾类等水生甲壳类动物时服用大量的维生素 C 能够致人死亡，因为一种通常被认为对人体无害的砷类在维生素 C 的作用下能够转化为有毒的砷。

• 海鲜食法

　　海鲜食品一向是受人们欢迎的食物，其丰富的蛋白质、低胆固醇、各种微量元素，与肉类相比对人的营养和健康更为优越。更有许多海鲜食品，包括生蚝、龙虾、海胆、海参、鱼卵、虾卵等等，因为富含锌、蛋白质等营养素，都有壮阳、强精的效果。民间食用海鲜四法：

　　熟食法：一般采用煮、蒸、炖、炒、煎等法，将鱼虾等烧成各种菜肴，并常用鲜料配以腌腊食品同蒸或同炖。

　　生食法：用活的河虾，洗净后用酒、糖、姜末等浸上片刻，就可生食，俗称"醉虾"；还有牡蛎肉也生食，食时蘸少许酱、醋、姜末等，其味都鲜美可口。需要注意的是，由于生鲜海产中往往含有细菌和毒素，生吃易造成食物中毒 ，因此并不是所有海鲜都能生食，并要处理得当。

生食法

熟食法

干腊法

干腊法：如将鲜黄鱼剖开晒干，就是著名的"白鲞"，味道鲜美可口；或将墨鱼(俗称"乌贼")割去海螺蛸晒干，叫"明脯"。这种干腊海鲜，不但可以久藏，而且别有风味。

腌食法：利用食盐或酒糟制作海货，用缸储存作为常年菜肴，如将整只蟹浸腌数天，即可食用。

81

 妙法除鱼腥

1. 清水中加一小匙盐，把活鱼放入其中浸 1 小时。

2. 剖鱼时把鱼鳃去净，并将鱼体清洗干净，因为鱼鳃脏物多，腥味重。

3. 烹饪时，加酒和醋，调味又去腥。因酒中的乙醇是易挥发的有机溶液，能溶解三甲胺，并在烹调时挥发带走部分溶解物质，醋酸也可中和呈碱性的三甲胺，酒和醋一定要在烹饪前加入，既去腥又增香。

4. 将鱼放在有食盐、葱姜的水中浸泡也可除去腥味。

5. 炖鱼时在锅内放点牛奶，既可以除腥，也使鱼肉的味道更加鲜美。

6. 洗鱼后手上留有腥味，可用姜片擦抹或滴几滴酒在手中，然后用肥皂洗，腥味可除。

7. 吃螃蟹后，手上留有腥味，可用茶渣和茶水洗除。

8. 盛过鱼的容器和烹制鱼用的锅、勺，可以用醋洗刷去腥。

贝类海鲜 ＞

贝类海鲜是指海洋生物贝类中，能够为人类食用且味道鲜美的贝类，属软体动物门中的瓣鳃纲（也称双壳纲），因一般体外被有1~2块贝壳，故名。常见的牡蛎、生蚝、贻贝、文蛤、蛏等都属此类。

作为贝壳，从生物学上被归类为软体动物。这非常符合爱好美食的人的思维方式，因为贝壳的壳是啥、有多硬、长什么样对吃货来说的唯一用处就是——区别它是什么品种的贝壳，并且作为好吃与否的符号标注在海鲜池。此时它就跟瓜子的皮作用差不多，特别是在称分量的时候。

不过，也总有些人在贝类这一品种上"五谷不分"，会产生如下困扰：要么是看见菜单上的瑶柱、蛏子黄、扇贝尖完全不知所云，要么是看见水族箱里的琳琅满目只能说："这些贝壳，都来上一点吧。"所以，还是要先稍微普及下最常见的可供食用的贝类海鲜知识。

● 常见种类

1. 迷你象拔蚌

主要产地：中国南部、北美洲、加拿大

食用季节：全年供应

海鲜特点：迷你象拔蚌入口爽脆，令人精神为之一振，最受欢迎的食法为白灼和清蒸，吃其鲜味为主。

迷你象拔蚌

蛏子皇

2. 蛏子皇

主要产地：英格兰、爱尔兰

食用季节：全年供应

海鲜特点：外壳长窄，薄而脆，形如竹筒，欧洲生长的蛏子可长约 9 寸，蛏子需生长于海床细沙无污染之地，所以肉味尤其甘而温和，含丰富蛋白质及钙、磷等。肉爽带咬劲，清蒸鲜味无穷。

3. 象拔蚌

主要产地：中国南部、北美洲、加拿大

食用季节：全年供应

海鲜特点：生活于深海沙底，一般重1~1.5千克，肉质甜美爽脆。切片白灼火锅，油泡、炖汤也可。象拔蚌为养阴食品，对五心烦热者有食疗之效。

薄壳乡螺

4. 薄壳乡螺

主要产地：浙江、潮汕

食用季节：全年供应

海鲜特点：1千克以上，壳身无角，壳内淡花雕，身上有层薄绒毛者为最上品，薄壳螺肉质较多较厚，肉有滋补作用。

象拔蚌

5. 带子

主要产地：中国东南沿海

食用季节：全年供应

海鲜特点：外壳是孔雀绿色，呈三角形，跟扇贝外壳形状截然不同。不少人会将带子与扇贝混淆，因去壳后都只见白色柱头肉，但两者口感并不同。带子柱头肉较小，口感较韧，扇贝柱头肉厚身圆大，鲜甜而柔软，价钱也比带子贵六七倍。

带子

蛳蚶

6. 孔雀鲍鱼

主要产地：澳大利亚及中国大连、台湾

食用季节：全年供应

海鲜特点：以澳大利亚产量较多而且体形较大。由于当地限制需超13厘米才可捕，一般两年半已可长至手掌大，肉肥厚，比我国台湾的九孔鲍或大连的孔雀鲍食味更浓。上汤白灼可吃出鲍鱼鲜味。

孔雀鲍鱼

7. 蛳蚶

主要产地：汕头、汕尾

食用季节：5月至9月

海鲜特点：壳表面是暗褐色，壳内面是白色，肉紫赤色，蛳蚶多生活在沿岸浅海泥中，天然繁殖外也可人工养殖。由于蛳蚶血液中含血红素，因此蚶肉呈红色。潮州人爱吃它，只用滚水一烫便吃，称其可补血。

青口

8. 青口

主要产地：中国东南沿海、北欧、法国

食用季节：全年供应

海鲜特点：以北欧及法国为上品，外壳为蓝青色，肉身围有青边，雌性青口肉为杏橙色，口感粉实，雄性的为奶白色。青口肉质有咬劲，无论忌廉白酒煮或番茄汁煮同样美味。

9.贵妃蚌

主要产地：福建沿海

食用季节：全年供应

海鲜特点：因卵形外壳灰白中带胭脂红，肉质雪白，故被改以美丽的名字；其鲜味及爽滑度也可媲美响螺，虽含丰富蛋白质，但不如响螺滋补，一般多是蒜茸蒸熟吃最佳。

贵妃蚌

花蛤

扇贝

10.扇贝

主要产地：日本北海道、青森及中国大连

食用季节：全年供应

海鲜特点：又称元贝、因形如扇状得名。扇贝虽有养殖的，但以野生的食味为优。成长期最少要3年的扇贝，需在20至30米海底、5℃~22℃水温环境中生长。日本水质无污染，出产扇贝大而肉厚，上等的柱头肉直径可达6厘米，刺身最佳。

11.花蛤

主要产地：中国东南沿海

食用季节：9月至4日

海鲜特点：又称文蛤、蚶仔、蛤蜊，属软体动物，是中型的双壳贝，壳略作三角形，表面多为灰白色，有光泽，长约6~10厘米，生活在沿海泥水中，以硅藻为食物，肉味鲜美清甜，一般做汤，浸渍调味料为咸文蛤，或炒或烤，为平价海鲜店不可或缺之材料，极为普遍之海产品。选购时，可试敲壳，声音愈响愈好，这是新鲜的标记；反之，不新鲜的花蛤，壳呈半敞开状，敲壳时声音不清晰。

花螺仔

12.花螺仔

主要产地：中国东南沿海

食用季节：9月至12月

海鲜特点：壳重肉少、产量不多，但肉质爽脆鲜甜，最宜白灼及辣酒煮。

13. 大连海螺

主要产地：青岛

食用季节：10月至12月

海鲜特点：全只螺肉爽滑可口，味道鲜甜；可灼熟后急冻作冷盘，最能保持它的鲜味。

海虹

14. 海虹

海虹，名字里虽然有个虹字，一眼望上去，却是黑黝黝的一对壳，特别是国产海虹，更是黑得通透。通常海产品的名字都很形象，你会不会抱怨渔夫们花了眼睛，才起了这么一个名不符实的名字给海虹这海物用？假如你把澳大利亚海虹和国产海虹放在一起做个比较，就一定能理解

了。大多数时候，我们对于事物认识有误区，是因为我们在沟通渠道上还存在着不通畅。假如你仔细观察澳大利亚海虹的壳，你会发现它其实真的是"虹"色的，虽然色差很小，但是在它的壳上面会有不同类别的黑、灰、银等相间其中，并且带有贝母般变幻的光泽。

每年7月是吃海虹的好时节，当然现在食品链已实现全球一体化，随时吃肥美的带黄和很多海产，特别是和吃螃蟹一样，海虹必须要吃新鲜的，否则其排毒下火的功效简直堪比减肥茶。

15. 大连鲍

这个名字真是起得顾名思义，就是产自于大连的鲍鱼，同时它也是大连人打牙祭的时候最上得了台面、最撑得起场面又最实惠的海产品，据说在旺季最便宜的大连鲍在海鲜市场才8元一只。大连鲍又分七孔鲍和九孔鲍，不管是哪一种，它们跟我们在海鲜酒楼里吃到的那些珍馐美味——鲍鱼、海参中的鲍鱼都是同族同根的，就是人家发育得好，而大连鲍一般体也就是个易拉罐切面的大小吧。

大连鲍

翡翠螺

16. 翡翠螺

翡翠螺的名字绝对是个形容词——螺壳在焯水之后通体碧绿，简直像珠宝一样。螺肉肥厚实在，吃起来口口过瘾，难怪它会成为很多人的爱物。翡翠螺纯粹是海鲜中的舶来品，现在在国内销售的翡翠螺基本来自加拿大和挪威这种海产大国。翡翠螺在打捞上来之后马上进行零下30℃的急冻以保持新鲜，发往世界各地。

贝壳类海鲜分深海及养殖等种类，例如蛏子、青口、蚝、蚬、蚌、螺、鲍鱼、扇贝等，应尽量选购活的。如果是冰鲜贝壳类产品，就须观察冷冻条件是否良好，是否有结晶冰粒，是否有退冻水解情况现象，是否有异常腥味等。

• 食用禁忌

1. 贝类海鲜属于生冷类，传统收获季节是秋季或秋冬交接，反季节应少食，否则对身体不利。

2. 贝类海鲜内多沙石，制作食用前，可以先放到水里，放一点芝麻油，让它吐出大量沙石，每次2小时，反复2~3次，否则容易得结石病。

3. 贝类海鲜不宜与啤酒同时食用，容易得痛风、拉肚子，可以饮用三鞭酒、劲酒、黄酒等。

4. 食用贝类海鲜，出现身体严重不适，应马上就医，补水；轻微不适，如拉肚子，可以服用快速止泻药（菌类）；痛风症状，可以食用萝卜，1—3天即可见效。

• 中毒症状

据了解，食物中毒易发于儿童、孕妇、年长者以及免疫力低下的人群。加拿大每年有将近110万消费者食物中毒，而食物中毒可以通过正确的存放和处理来避免。

中毒的症状如下：

1. 麻痹型：由石房蛤毒素及其衍生物所致。食用后5分钟—4个小时出现唇、舌、手指麻木感，进而四肢末端和颈部麻痹，直至全身；常伴有发音障碍、流涎、头痛、口渴、恶心、呕吐等症状。严重者2—12小时因呼吸肌麻痹死亡。

2. 腹泻型：由软骨藻酸及其异构体所致。主要表现为呕吐、腹泻等症状，病情轻。

3. 记忆丧失型：由大田软海绵酸及其衍生物所致。表现为进食后3—6小时出现腹痛、腹泻、呕吐、流涎等症状，同时出现记忆丧失、意识障碍、平衡失调等症状，以致不能辨认家人及亲友等。严重者昏睡，记忆丧失可达1年。

4. 神经毒素型：由短螺甲藻毒素所致。表现为进食后数分钟至数小时出现唇、舌、咽喉及面部麻木、刺痛感，头晕、肌肉疼痛等症状。症状可持续数日。

91

贝壳与七珍

指七种珍宝，又称七珍。七宝指的是砗磲、玛瑙、水晶、珊瑚、琥珀、珍珠、麝香这七种。不同的经书所译的七宝各不尽同，鸠摩罗什译的《阿弥陀经》所说七宝为金、银、琉璃、玻璃、砗磲、赤珠、玛瑙；玄奘译《称赞净土经》所说七宝为金、银、吠琉璃、颇胝迦、牟娑落揭拉婆、赤珍珠、阿湿摩揭拉婆；《般若经》所说的七宝是金、银、琉璃、珊瑚、琥珀、砗磲、玛瑙；《法华经》所说的七宝是金、银、琉璃、砗磲、玛瑙、珍珠、玫瑰；《阿弥陀经》所说的七宝是金、银、琉璃、玻璃、砗磲、赤珠、玛瑙。

琥珀

同一本经书，不同历史时期所译的不同版本中，所说七宝也不同，以《无量寿经》为例，将汉代版本的七宝为金、银、琉璃、水晶、车磲、珊瑚、琥珀，曹魏时期版本所载七宝为紫金、白银、琉璃、水晶、砗磲、珊瑚、琥珀，唐代版本的七宝为黄金、白银、琉璃、玻璃、美玉、赤珠、琥珀，宋代版本的七宝为黄金、白银、璃、玻璃、砗磲、珍珠、琥珀。

而藏传佛教中的七宝则为红玉髓、蜜蜡、砗渠、珍珠、珊瑚、金、银，它们被称为"西方七宝"。所以可以作为七宝之圣物的东西有十多种。

水晶

琉璃

　　佛教七宝蓄纳了佛家净土的光明与智慧，其深刻的内涵使之成为珠宝中的灵物。

　　佛界有三宝：佛、法、僧。佛教有七宝：金、银、琥珀、珊瑚、砗磲、琉璃、玛瑙。得三宝而国泰，得七宝而民安。

93

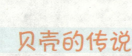

货币的贝壳

贝类货币 〉

当你亲切地称呼某一个心爱的人"宝贝"的时候，很少有人会意识到，你其实是把她叫作一种贝壳。宝贝的本义是宝贵的贝，是宝螺科（又称宝贝科）贝类的统称。全世界的宝贝大约有200种，共同特征是贝壳为卵圆形，极其光滑，背面布满各种斑点和花纹，腹面有一条缝状开口，开口的两侧各有一排齿纹。甲骨文的"贝"字画的就是宝贝腹面，两侧各画两颗牙齿。后来两侧的牙齿连接成了两条线，下面又伸出两根触角，就成了繁体的"贝"字。

为什么把这种贝壳称为宝贝呢？不仅因为它是最漂亮的贝壳，而且因为在远古时期它是被作为货币使用的，是人类最早使用的货币。所以我们的祖先用"贝"造出了很多与财富有关的字：财、货、贪、贫、贾、资……有的经过简化已看不出和"贝"的关系，例如买、卖。有的在繁体字中也难以觉察与"贝"的关系，在甲骨文中才露出贝的影子，例如："得"，本字只有右半部分，上面是"贝"下面是"手"，意思是拿到了财富；"贯"，上下部分都是"贝"，是一根绳子把两个贝穿在了一起，本义指的是穿钱的绳子；"朋"，是两串贝，一串5个，本义是钱的单位（10个贝）。

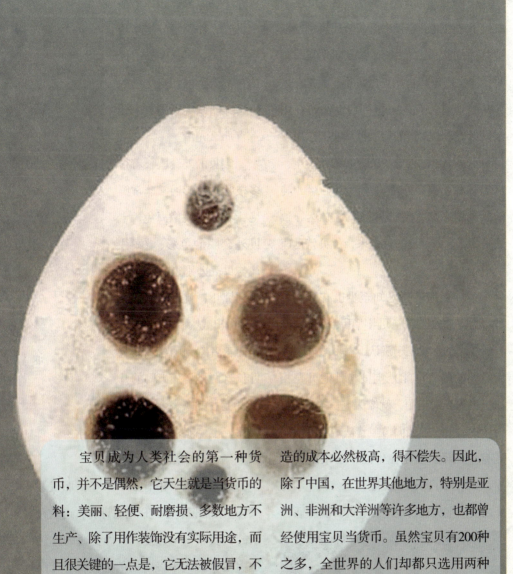

　　宝贝成为人类社会的第一种货币，并不是偶然，它天生就是当货币的料：美丽、轻便、耐磨损、多数地方不生产、除了用作装饰没有实际用途，而且很关键的一点是，它无法被假冒，不怕会出现假币。后来人们也用铜铸造宝贝当货币用，但是3岁小孩也很容易把它们与真宝贝区分开来。用陶瓷也许能制造出可以乱真的宝贝，但是制造的成本必然极高，得不偿失。因此，除了中国，在世界其他地方，特别是亚洲、非洲和大洋洲等许多地方，也都曾经使用宝贝当货币。虽然宝贝有200种之多，全世界的人们却都只选用两种宝贝当货币：黄宝螺（因此也叫货贝）和金环宝螺（也叫环纹货贝）。这是不约而同，还是从共同祖先那里传下来的传统？

贝壳的传说

中国从西周末年开始，金属贝逐渐取代了天然贝；春秋以后，金属贝也逐渐被其他的货币取代；到秦始皇改革币制时，明文规定禁止用贝做货币。但是在世界其他地方，有的一直到19世纪还在用宝贝当货币。大量的货贝被从非洲东岸支付给不产宝贝的西非，光是1867年一年，从尼日利亚拉多斯港口就运走了3400吨的货贝用来购买含油种籽。这必然导致通货膨胀，难怪到19世纪末，货贝就迅速贬值了。

世界上的贝壳已知至少也有好几万种，为何独独选了宝贝当货币？除了宝贝有较规则的形状便于辨认、携带之外，一个重要的因素可能是宝贝与其他贝壳相比，更为光滑亮丽，就像珠宝一样显得更为珍贵。贝壳的表面覆盖着珐琅质，使贝壳有了光泽。但是在生活中珐琅质会磨损，如果长了海藻或藤壶，更会破坏了贝壳之美。宝贝在行动时，它的外套膜通常

铜仿贝

从壳中伸出来，包住了整个贝壳。外套膜分泌珐琅质，生长、修复贝壳，并保护它不受磨损和寄生物的侵害，所以宝贝的贝壳会一直那么光滑。

宝贝的外套膜长着很多枝叶，色彩通常非常鲜艳，看上去就像海兔。宝贝外套膜的色彩、图案往往与贝壳差别很大，一旦受到惊吓，就迅速缩回壳内，露出截然不同的贝壳，让捕食者感到困惑。而宝贝长着两排"牙齿"的开口看上去就像一个吓人的大嘴，也许能把捕食者吓跑。

用货贝当货币有一个缺点，那就是只有一种面值，单纯以个数计算，遇上大宗的买卖就很不方便。一种变通的办法是用宝贝的大小设定面值的高低。《汉书·食货志》详细记载了宝贝的5种等级和对应的价值，根据的就是其大小。最低一级的宝贝不足一寸二分，值三文钱，这显然指的就是最通行的货贝，平均长

度大约2厘米。而最高一级的宝贝四寸八分以上，值二百一十文钱，常见宝贝中能大到这种程度的，只有一种，那就是虎斑宝贝（也叫黑星宝螺），平均长度大约8厘米，能长到15厘米。

虎斑宝贝不仅是宝贝中最大的，也是最漂亮的。像货贝这样的小宝贝收藏一段时间后会逐渐变得黯淡，但虎斑宝贝的珐琅质非常厚，只要保存得当，很多年都能一直光彩照人。虎斑宝贝的图案也非常美丽，布满大小不一的黑褐色圆斑，就像披着美洲虎的皮。它的图案千变万化，不会有两个完全相同的。图案的变化除了遗传的因素，还深受环境的影响：生活在黑暗地带的虎斑宝贝的底色通常较深，而在明亮地带的虎斑宝贝则底色较浅，甚至白化成了白色，这被认为有较高的收藏价值。

叙利亚的贝壳财富 >

叙利亚是地中海东岸的国家，丰富的海产不仅为叙利亚人提供了美味的鱼虾，还为叙利亚的手工业者提供了一种具有很强艺术表现力的原料——贝壳。

叙利亚的贝壳工艺品，并不是我们在国内常见的那样，将形态各异的贝壳简单堆砌成各种造型，比如说做成雄鹰、老虎、兔子之类。叙利亚的贝壳工艺是镶嵌工艺，并不使用贝壳的全部，只用贝壳内侧的珍珠层（也叫珍珠母）——珍珠贝和海螺等软体动物外膜分泌出的坚硬、有光泽的有机物质。

在发现石油前，珍珠采集业是古代阿拉伯地区的支柱产业。凭借原始的木船和潜水装置，采珠人下海将珍珠贝捞出，然后撬开贝壳，取出珍珠。最初只有珍珠才有经济价值，取出珍珠后的珍珠贝则被抛弃。聪明的阿拉伯人看到珍珠贝内光泽如彩虹的珍珠层，想出了废物利用的办法。他们小心翼翼地将珍珠层从贝壳上切割下来，抛光，然后在木板制成的小盒子表面拼接出各种图案，最终制成贝壳镶嵌的首饰盒，将珍珠盛放在盒子里出售。

大批贝壳镶嵌的首饰盒成了古代阿拉伯出口的主要手工艺品之一，最后直接出口首饰盒，不再搭配珍珠。今天，由于石油的大量开发，珍珠采集业已不再是阿拉伯的支柱产业，但贝壳镶嵌工艺已深入阿拉伯人的生活。直到今天，叙利亚首都大马士革依然云集着阿拉伯世界最优秀的贝壳镶嵌工匠。只是，贝壳镶嵌工艺已不局限在首饰盒中，嵌满了靓丽珍珠层的茶几、椅子、镜框甚至衣柜，出现在阿

拉伯人的居室内。而用于镶嵌的材料也不限于海贝，流经叙利亚北部的幼发拉底河的河贝也被利用起来。由于需求量大增，叙利亚开始从菲律宾等国家进口珍珠贝。

伊斯兰教忌讳在艺术作品中表现具体的物品，抽象纹样成了伊斯兰平面艺术的主流元素，几何纹、植物纹、文字，这三种图案交织缠绕，繁琐而稠密。菱形是贝壳镶嵌的主要几何元素，成片的菱形组成了穆斯林心目中的大千世界，葡萄叶纹饰则蕴含着万物繁衍不息的寓意。

叙利亚的干燥气候造成了完整存世至今的古代贝壳镶嵌木制品如今并不多见的事实。但由于珍珠贝采集的难度以及工艺的复杂程度，贝壳镶嵌工艺的成本一直居高不下，成了贵族阶层夸富的工具。一间全部由贝壳镶嵌工艺家具布置的房间，至今都是富贵与权力的象征。大马士革最昂贵的五星级酒店夏姆（大马士革的别称）饭店，就大量采用了这种贝壳镶嵌家具。在灯光照耀下，家具表面的珍珠层发出了光芒，透露出自然那神圣而不可征服的特性。

贝壳镶嵌制品目前已成为叙利亚最具民族特色的旅游纪念品。一位在叙利亚著名的哈米迪旅游市场经营贝壳镶嵌工艺品的商人说，虽然所有的阿拉伯国家都有制作贝壳镶嵌制品的传统，但叙利亚的贝壳镶嵌制品是其中工艺最好的，主要原因是国家的重视——在叙利亚总统接见外国贵宾的会客室内，大量使用了这种贝壳镶嵌家具。

由于价格昂贵，大面积运用贝壳镶

嵌工艺的家具至今很难走入寻常百姓家。在叙利亚人家，在角落里有一个贝壳镶嵌的小茶几已经很不简单了。一把大面积使用贝壳镶嵌的椅子，最贵的可达2000美元。一位经常到中国做生意的叙利亚人说，在叙利亚，贝壳镶嵌家具的档次好比中国的红木家具，并非每个家庭都能消费得起。

与家具不同，贝壳镶嵌的首饰盒基本成为叙利亚每个家庭必备的物件。这是因为阿拉伯妇女比较喜欢首饰，而贝壳镶嵌的首饰盒因为用料少，价格相对易于被接受。

传统的贝壳镶嵌工艺费时费力，产量低、价格贵。塑料的出现，对传统的贝壳镶嵌造成了巨大冲击。塑料经过加

工，色泽和质地可以非常接近珍珠层，材质平整，厚度均匀，易于加工。现在，叙利亚市场上已经出现了由塑料代替珍珠层的镶嵌工艺品，价格仅为珍珠层制品的一半。一个10厘米见方的贝壳镶嵌首饰盒要价大约10美元，而完全由塑料贴面制成的首饰盒只要大约5美元。

贝壳镶嵌工艺发展到今天，如何面对挑战，是叙利亚的能工巧匠们必须考虑的问题。塑料是石油工业的副产品，而石油是今天阿拉伯世界的特产。用今天阿拉伯世界的塑料代替昔日阿拉伯世界的珍珠层，莫非是天意？

● 化石的贝壳

贝壳堤 〉

贝壳堤是由海生贝壳及其碎片和细沙、粉沙、泥炭、淤泥质黏土薄层组成的，与海岸大致平行或交角很小的堤状地貌堆积体。形成于高潮线附近，为古海岸在地貌上的可靠标志。贝壳堤是几十年来科学家研究的重要对象，在国际上的海洋、第四纪地质、古气候、古环境研究领域占有重要位置。

世界上著名的贝壳堤共有3处，分别是中国天津贝壳堤、美国路易斯安那州贝壳堤、南美苏里南贝壳堤。本书着重介绍天津贝壳堤。

• 形成原因

　　贝壳堤俗称"蛤蜊堤""沙岭子""岭子垒"。古人称"贝丘"，地貌学家称为"死亡的海岸洲堤"。贝壳堤是天津地区特有的地貌，它是几千年来，由海生贝类动物在海潮推动下，逐渐堆积而成的古渤海岸线的标志。贝壳堤真实地记录了天津沧海桑田的过程，东丽区军粮城镇白沙岭贝壳堤，是海陆变迁的历史足迹。贝壳堤是粉沙淤泥质海岸带在波浪的作用下，将淘洗后的生物介壳冲向岸边形成的堆积体。波浪的冲刷，使海滩坡度增大，底质粗化，底部的贝壳类介壳被海水冲到岸边，堆积在高潮线附近，经长期作用便形成贝壳堤。当海岸带泥沙来源充分，海滩泥沙堆积作用旺盛时，贝壳堤停止发育。多次的冲淤变化便留下多条贝壳堤。贝壳堤可以作为古海岸线迁移的标志。

　　贝壳堤的形成需要具备3个条件，即粉沙淤泥岸、相对海水侵蚀背景和丰富的贝壳物源。历史上，黄河以"善淤、善决、善徙"著称，黄河携带大量细粒黄土物质，长时期周而复始地在渤海湾南岸、西岸迁徙，在此塑造了世界上最大的淤泥质海岸。当黄河改道、河口迁徙到别处，随着泥沙入海量的减少，海岸不再淤积增长，海水变得清澈，种类繁多的海洋软体动物不断繁衍生息，提供了充足的贝壳物源。

　　最重要的是海浪潮汐运动，以侵蚀为主，将贝壳搬移到海岸堆积，随着贝壳的逐年加积，也就形成了独特的贝壳滩脊海岸。一旦黄河改道回迁，贝壳堤及以海水较淡而混浊的淤泥岸不利于贝壳生长而停止。在贝壳堤外，泥沙淤积成陆，海岸线又向前伸，贝壳堤则远离海岸，或弃于陆上或埋于地下。因此，由于黄河的来回迁徙，海岸线走走停停，淤泥与贝壳堤交互更替，在渤海湾南岸、西岸形成多条平行于海岸线的贝壳堤，也就成为渤海湾海岸线向渤海延伸的脚印。

• 天津贝壳堤

　　天津贝壳堤位于天津东部的津南、大港、塘沽等地，是"天津古海岸与湿地国家级自然保护区"的一部分，整个保护区由贝壳堤、牡蛎滩和七里海湿地生态系统组成，是古海岸变迁极其珍贵的海洋遗迹。天津地区对贝壳堤、牡蛎滩和湿地的研究已有几十年的历史，这里已成为海洋、地质、地理等系统和院校研究海岸演变、古气候、湿地生态等学科的重要场所。

　　天津陆地堆积平原中自陆向海排列有Ⅰ、Ⅱ、Ⅲ、Ⅳ 4道贝壳堤，与现代海岸线大体平行呈垄岗状不连续分布，代表了4个时期海岸的位置。距今1万至5000年发生的海侵，天津平原大部分被淹。以后海面回降，河流冲积，逐渐成陆。贝壳堤就是这一历史过程留下的遗迹，为天津海岸带颇具特色的海岸地貌类型，也是渤海湾古海岸的遗迹，反映自陆向海方向的岸线变迁。堤上贝壳种类丰富，多为潮间带或浅海泥沙海底软体动物的现生种属，这些年代久远的牡蛎壳长达30厘米左右，十分珍贵罕见，当今已无处可寻。

　　天津贝壳堤堤高0.5~5米，宽几十至几百米，长数十米、上百米或延伸百余千米。其横剖面顶部上凸，两翼减薄到尖灭。天津古海岸与湿地自然保护区内的贝壳堤、牡蛎礁具有规模大、出露好、连续性强、序列清晰等特点，在中国东部沿海最为典型，甚至在西太平洋沿岸也属罕见。建立保护区可以保护这些不能再生的地质景观，同时也为研究天津及中国东部沿海海陆变迁、古地理、古气候等提供了极其宝贵的天然资料。

　　第Ⅰ道贝壳堤分布于冲积平原西南部，大港区沈青庄至黄骅市苗庄一线，距现代海岸22-27千米，贝壳种属反映的环境为滨海河口内湾软泥滩沉积，是距今5200-4000年的古海岸线。

　　第Ⅱ道贝壳堤分布于冲积海积平原西部，张贵庄至巨葛庄一线，呈南北走向或北西至南东走向断续垄岗状展布，贝壳种属反映潟湖—滨海生态环境，为距今3800-3000年前的古海岸线。堤上发现有西周和战国文物。

　　第Ⅲ道贝壳堤分布于冲积海积平原东部，军粮城至马棚口一线。距现代海岸0~20千米，规模宏大，连续性好，以贝

105

贝壳的传说

壳及其碎片为主，反映潟湖海河口生态环境，距今2500—1100年形成。堤上发现战国、汉唐文物，即东汉初年至唐代之间的古海岸线。

第Ⅳ道贝壳堤靠近现海岸，分布于海积平原东部特大高潮线附近，走向大体与现代海岸一致，在岐口与第Ⅲ道贝壳堤汇合。以贝壳及其碎片为主，贝壳种属反映潮间带环境，距今700—500年形成，明末清初堤上已有人居住。

• 价值意义

1. 独特的地质地貌：贝壳堤是在特定的地质条件和地理环境下形成的独特地质地貌，天津贝壳堤与世界另两处同等类型的贝壳堤比较，有几个独特之处：一是贝壳质含量高，天津贝壳堤无论是深埋地下的还是裸露于地表的，贝壳质含量几乎达到100%，很少有其他杂质；二是新老贝壳堤并存，天津贝壳堤不但有距今5000—2000年的古贝壳堤，而且尚有新发育形成的新贝壳堤，并有形成第三条贝壳堤的趋势，国外与国内其他的贝壳堤都远离海岸，没有形成新贝壳堤的可能；三是典型的贝壳滩涂湿地生态系统，是中国乃至世界上的珍贵海洋遗产，具有重要的科研意义和实际生产价值，对于研究古海岸线位置、推断海岸环境演变历史，具有重要的科研和经济价值。如此大的古贝壳堤仅在美国和南美各发现一条。

天津贝壳堤，绵延30千米，已有5000年的历史，是中国国内独有、世界罕见的古贝壳滩脊海岸。它与美国路易斯安那州古贝壳堤和南美苏里南贝壳堤，并称世界三大古贝壳堤。面对每年仍以10万吨速度生长的贝壳资源，当地始终坚持"适度开发 合理利用"的原则，以贝壳为原料研制开发出世界上第三种新瓷型——贝瓷，使贝壳沙堤得到了有效保护，贝瓷产品也成为当地的支柱产业。贝壳堤丰富的贝壳资源，为贝雕加工、塑料橡胶填充剂、动物饲料钙质、海洋贝瓷制造等提供了重要的原料来源。

　　2. 独特的科研价值：天津贝壳堤是极为珍贵的地质景观，它具有独特的科学价值而受到学者的关注。自上世纪50年代后期，天津市考古、历史和地质学家曾多次到此地考察寻踪退海之地的足迹。中国科学院、国家地震局所属地质研究所、河北省地质局、北京大学、清华大学、南京大学以及远自厦门大学的众多学者也曾慕名来天津贝壳堤考察"海滨弃壤"古遗址。天津贝壳堤是珍贵的海洋自然遗迹，真实地记录了沧海桑田的过程，对研究古地理、古气候、海洋生态海陆变迁等多学科具有重要价值，是中国罕见的不可再生性资源，被国内外专家誉为"陆地上的海洋博物馆"。

贝壳栖息地 〉

　　人类应尽可能不去破坏生物的栖息地。几乎每块岩石和珊瑚礁下，都存在一个动植物生存的群落，一旦遭到破坏，都为它们带来灭顶之灾。如果某片海滩不断有海贝收藏者去搜寻，那么这块生物自然栖息地便会逐渐被破坏殆尽，所以请尊重这些毫无防范能力的低等动物的生存空间。

火焰贝壳栖息地

· 火焰贝壳栖息地

　　2012 年在对位于苏格兰西部的斯凯岛和苏格兰大陆之间的沃尔什海湾进行调查时，研究人员在海底发现了至少 1 亿个火焰般的贝壳。苏格兰环保局长说道，这可能是世界上最大的火焰贝壳群落。

　　苏格兰海洋局在受委托进行一项调查时发现了这个生物群落，这项调研是确认新海洋保护区的一部分工作内容。这种扇贝一样的小型生物在两个贝壳之间长有许多霓虹橙色的触须。这些贝壳动物聚集在海底，而且它们的巢穴为数百个其他物种提供了生存的礁石。沃尔什海湾火焰贝壳的礁石区域也比预期的要大得多，覆盖面积达到了 75 公顷。

　　巨大的挑战：环保局长理查德·洛克赫德把苏格兰周围的海域描述为生物多样性的温床。他说道："苏格兰的水域面积大约是陆地面积的 5 倍，尝试更多地了解我们珍贵而又多样化的海洋生命是一个巨大的挑战。这种拥有橙色触手的火焰贝壳肯定会被认为是我们海洋中最引人瞩目的物种。"

　　他接着说道："许多人都会把这样的外来物种放置在遥远的热带礁石上，而且并未意识到它们只是居住在斯凯岛海域的水下。这种火焰贝壳不仅看起来漂亮，而且这些神秘的贝壳能够形成一种礁石，为众多其他物种提供一种安全的多样性环境。"

　　沃尔什海湾的调查是由赫瑞瓦特大学代表苏格兰海洋局进行的。赫瑞瓦特大学生命学院的丹·哈里说道："当我们去寻找特殊物种或者栖息地的更早记录时，却发现它们或者遭到破坏、或者正在挣扎甚至是已经灭绝，这都是经常的事。让我们高兴的是，在这种情况下我们发现一个巨大的火焰贝壳群落沿着沃尔什海湾的海湾入口生存。这对所有关心这项调查的人来说都是一个非常令人惊奇的发现。"

● 时尚的贝壳

贝壳饰品 >

　　饰品一般是指除服装以外附加在人体上的装饰品与装饰，如头饰、发饰、耳饰、项饰、胸饰、臂饰、腕饰、指饰、扣饰，及巾、帕、扇、包、佩刀等佩饰。而今，饰品不仅仅局限于人体上的装饰，已经开始进入生活的各个方面，融入了现代的文化生活当中。现代饰品已经变成涉及装点居室、美化公共环境、装点汽车、美化个人仪表而产生的一种文化！

　　贝是饰品之源，是最原始的艺术品之一，距今2万年前的北京山顶洞人遗址就发现了贝类首饰。在当时，贝壳被普遍制成项链、臂饰、腰饰、服饰等，甚至还出现了马饰、车饰。春秋战国时期，鲁国的三成以上将士都用红线穿贝壳作坠饰，以壮军威。到了封建社会，饰品成为父母在女儿出嫁时必备的嫁妆，不仅仅是一种配饰，更是主人身份的象征。到了现代，随着物质的丰富化，贝壳饰品已经成为时尚的点睛之笔，为广大时尚潮流女士所喜欢。

• 贝壳饰品的分类

饰品分类的标准很多,但最主要的不外乎按材料、工艺手段、用途、装饰部位等来划分。在这里,我们只介绍两种分类。

按照佩带部位不同,可分为以下几类:

1.饰品类:头饰。主要指用在头发四周及耳、鼻等部位的装饰。具体可分为:发饰(发夹、头花等)、耳饰(耳环、耳坠、耳钉等)、鼻饰(多为鼻环)。

2.胸饰。主要是用在颈、胸背、肩等处的装饰。具体可分为:颈饰(项链、项圈、丝巾、长毛衣链等)、胸饰(胸针、胸花、胸章等)、腰饰(腰链、腰带、腰巾等);肩饰(多为披肩之类的装饰品)。

3.手饰(手镯、手链、臂环、戒指、指环等)。

4.脚饰(脚链、脚镯等)。

5.挂饰(手机挂饰、手机链、包饰等)。

6.其他类:主要有装饰类(化妆用品类、纹身贴、假发等)、玩偶、钱包、用具类(珠宝饰品箱、太阳镜、手表等)、鞋饰、家饰小件等。

按用途可分为流行饰品类和艺术饰品类:

1.流行饰品类。

大众流行:追求饰品的商品性,多为大批量机械化生产,量贩式销售;

个性流行:追求饰品的艺术性、个性化,仅少量生产,多为手工制作,限量销售;

居家饰品:追求饰品的舒适性;

服饰饰品:追求饰品的艺术性,潮流性;

汽车饰品:追求饰品的艺术性,潮流性。

2.艺术饰品类。

收藏:夸张,不易佩带,供收藏用;

摆件:供摆设陈列之用;

佩带:倾向实用化的艺术造型饰品。

• 贝壳饰品的保养

佩戴珠宝要有顺序，先穿戴好，再佩戴珠宝，避免穿着时钩到衣服，造成主石的脱落。注意不要接触酸、碱性的物质，避免化妆品沾染到珠宝。洗手时最好将它取下，肥皂含有碱性物质会损害珠宝和影响宝石的光泽。

贝壳饰品保养常识：不要将心爱的贝壳饰品放在阳光下暴晒，直射的阳光会令贝壳饰品褪色。贝壳饰品以纯天然贝壳材料精致而成，要注意恒温、防潮、防尘。严格来说，木头的酸性也会对贝壳饰品有所影响，所以最好是用铁柜保存贝壳饰品。

贝壳饰品的清洗方法：用清水清洗贝壳饰品即可。浸泡水中不要超过 4 个小时，否则水中的氯酸会影响贝壳饰品的表面光泽。用 5%~15% 的漂白水浸泡 15 分钟，可以褪掉贝壳饰品表面的珊瑚质。

• 珍珠饰品的保养

珍珠的美丽颜色与光泽主要来自于珍珠层。珍珠层十分薄，厚度一般在 0.3 ~ 0.6mm 之间。珍珠层的化学成分是碳酸钙和有机质 (贝壳硬蛋白)。

汗水较多且汗水呈弱酸性的人，不适合配戴珍珠项链。因为汗水中的弱酸性物质会腐蚀珍珠层的碳酸钙，使其失去光泽，甚至脱层。

珍珠饰品如果不慎沾上了酸性物质或酸性液体，应用大量清水冲洗或弱碱性肥皂水洗涤。

在佩戴珍珠饰品的时候，要注意不要与硬物尤其是尖锐硬物刮碰或摩擦，以防划花珍珠层表面。特别是不戴的时候，存放首饰盒时，不要与其他金属宝石首饰放一起。

远离厨房：珍珠表面有微小的气孔，所以不宜让它吸入空气中的污浊物质。珍珠会吸收发胶、香水等物质。所以切勿佩戴漂亮的珍珠饰品去做头发，在厨房里也要小心，不要佩戴漂亮的珍珠首饰煮菜，蒸汽和油烟都可以渗入珍珠，令它发黄。

远离化妆品：珍珠饰品不宜与化妆品接触，不能放在化妆品的粉盒子里，更不可放在密封的塑料袋里。最好放在通气的地方，这样才能保持珍珠的光泽。

干涩：为了避免让珍珠沾染到香水、化妆品、发胶这些大敌，消费者在戴上前，先完成化妆、美发等步骤；操持家事时不要忘了把饰品取下。如果珠子长期被存于一个热而干燥的环境，便会变干涩。珍珠需要新鲜空气和一定的湿气，宜每隔数月便拿出来佩戴。

刮花：由于珍珠的硬度只有3.5至4.5,

所以不宜将它与其他首饰放在一起，以免刮花。洗澡、泡温泉、海边戏水、游泳时切勿佩戴珍珠产品。水中的化学成分可能会使珍珠变色及伤害珍珠质，也可能在戏水中失掉它。如不小心刮花了珍珠表皮，可试用橄榄油轻轻抹去小刮纹。

清洁：如佩戴时出了很多汗，可用湿的软毛巾小心抹净，自然吹干或用软毛巾擦干后放回珠宝盒内。最佳是用羊皮或拭珠布抹珠子，勿用面纸，因为，有些面纸附磨擦剂，会将珠子磨损。切勿用市面上的首饰清洁剂来清洗珍珠。大部分的首饰清洁剂都含阿摩尼亚，勿使用漂白水、皂粉、洗洁精、苏打粉等清洁剂。由于珍珠表面上有气孔，而且硬度较低，不同性质清洁剂对珍珠有不同程度的损害，而且会令珍珠变色及伤害珍珠层。

超声波清洁法会严重损害珍珠。尽量避免用水清洗珍珠。水可进入珍珠的小孔内，难于抹后之余，也可能会令表面发酵，连线也可能转为绿色。如珠子真污不堪，需要用水及肥皂清洗的话，勿忘要过水，即是用水冲走留在珠子上面的肥皂残垢。珠子应放在毛巾上吹干。湿了的珠绳更容易吸入污物尘埃，又易于松弛，所以，切勿将一串的珍珠挂着让它吹干。干后放一小滴橄榄油在表皮上将珠子上油，一来可防止破裂，二来可令珠子更亮丽。

变黄：若珍珠变黄以后，可用稀盐酸浸泡，便可溶掉变黄的外壳。

牢固：经常戴用的珠宝，两三个月就应保养一次；不常戴的珠宝，一年也应该保养一次。珠宝店都有免费服务，平时应该多留意，珠饰是否有松脱的现象。若是成串的项链，每隔两三年——视穿戴频繁的程度而定——还得送回珠宝店，请专人换线，以确保珍珠的牢固。

贝壳纽扣 ＞

　　贝壳纽扣，又被称为真贝纽扣，是一种非常古老的纽扣。贝壳纽扣的质感高雅、光色亮泽，使得贝壳纽扣一直为大众所选择。

● 制作过程

　　贝壳纽扣的制作不同于树脂纽扣，它主要是要经过选贝、冲剪、磨光、抠槽、打孔、车面、磨光漂白7道工序。早期制作贝壳纽扣的机械的动力来源是通过脚踏带动皮带轮的转动，现在这已经用机械化完全代替了，但是对于一些传统的纽扣工厂，在制作贝壳纽扣时还是使用半手工工艺，可以保持贝壳的天然光泽和韵味。

　　贝壳纽扣生产过程大致可以分为如下几个步骤：

　　选贝：根据纽扣大小和要求选取不同的贝壳，但贝壳的利用率其实并不高。

　　冲剪：又被称作取坯，是指制作最初的纽扣毛坯。

　　磨光：将纽扣毛坯平面放在砂轮上均匀磨平。

　　扣槽：将纽扣中间扣去一部分，使纽扣有下凹的造型。

　　打孔：根据不同需要打上不同的孔，一般有两眼和四眼的（这样一个贝壳纽扣其实已经基本成型，但随着时代进步，人们对纽扣的要求也越来越高，所以要让纽扣变得更加完美则要进行以下步骤。）。

　　车面：使得贝壳的花纹更加美观。

　　磨光漂白：将经过以上工序的贝壳纽扣烫煮一遍，再将其放入转桶中和水一起转动摩擦，以此进行抛光和漂白。这样一颗精美的贝壳纽扣就已经完成了。

• 明星贝壳

由于贝壳是来自于大自然之物，所以它从里到外都散发出高雅、诱人的气息。与此同时，人们又常常把贝壳和珍珠给联系起来，因此能在服饰上用上贝壳纽扣，则略显高贵。但是，不同品种的贝壳又各有其独特的性质，了解不同贝壳的特性将能更加准确的使用这些贝壳纽扣。

黄蝶贝：黄碟贝多被发现于菲律宾、印度尼西亚、泰国。珠贝内侧边缘通常呈金黄色，孕育浅黄色或者金黄色南洋珍珠。如同中国的黄色象征至高无上的皇权一样，这些或浅黄或金黄的珠与贝正是价值最高的品种。

粉红贝：粉红贝少量地存在于美国密西西比河中上游。对于女性来说，让自己成为众人关注的美丽焦点，成为芸芸众生中令人艳羡的风景，绝对是件值得引以为傲的事情，俏丽引人的粉红贝就是必然装备的杀手锏。至高的价值决定了其不菲的价格，但是，有限的价格能换来无价的美丽，钱就不是问题了。

淡水珍珠贝：淡水珍珠贝是最广泛用于所有妇女服饰品的淡水珍珠制品，就像其名称一样，是生活在湖泊河流里面的贝壳，能放射出非常淡雅的光泽，自然柔和的白色，广泛用于西装，工艺品及妇女服饰品，特别适合手工制作。

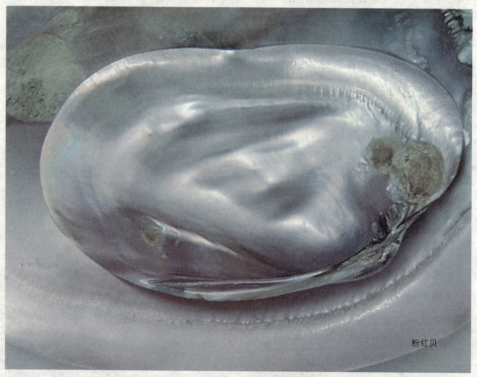

粉红贝

白面螺：白面螺自古以来就是被用来制作的一种白色系的卷贝，即使现在服装行业所采用的绝大多数钮扣都是由白面螺加工而成。其红色的光泽、耐久性、价格经济实惠等特性成为了它被大多数的厂商所采用的理由。

镜贝：镜贝主分布于印尼，其光泽细腻白晰、晶莹剔透，制成的钮扣光滑如镜，常用于衬衣及饰品配件的制作。

马氏贝：马氏贝基本上是采用日本珍珠养殖的母贝，拥有世界上珍珠产量极大份额的马氏贝，其珍珠层的特点是向中心卷曲，其光泽和纹理极其细腻薄而且略微弯曲的自然特色用于工艺品及妇女服饰品，

特显自然幽雅的感觉。特别是能和手套及靴子等服饰相配合，因颜色与形状丰富多样，所以组合起来也相当容易方便。

淡水贝：淡水贝是最广泛用于所有妇女服饰品的淡水珍珠制品，就像其名称一样，是生活在湖泊河流里面的贝壳，能放射出非常淡雅的光泽，自然柔和的白色，广泛用于西装，工艺品及妇女服饰品，特别适合手工制作。

白蝶贝：白蝶贝是用于贝壳钮扣中最高级的一种材料，光滑而具有深邃光泽的质感显现出其他品种所不具备的珍贵，正因为如此，它才与宝石齐名，历来被劳力士等高级钟表的表盘及其他高级装饰品所

黑蝶贝

采用，现在因为产量稀少，所以价格特别昂贵，仅仅用于像意大利古典风格的最高级衬衫等极少数高档品，以显示其非常高雅的质感。

黑蝶贝：黑蝶贝是一种能放射出深银色绚丽光彩的贝壳，作为深受人们喜爱的大粒南洋黑珍珠的母贝而闻名，广泛采用高级工艺品及装饰品，贝壳的珍珠层闪烁着美丽漂亮的深银色，选用高级原材料加工而成，最适合衬衫女士外套及对襟毛衣，以突出其色泽亮丽巧夺天工的特点。

马蹄螺贝：马蹄螺贝自古以来就是被用来制作的一种白色系的卷贝，即使到现在，服装行业所采用的绝大多数钮扣仍由马蹄螺贝加工而成，其红色的光泽、耐久

性、价格经济实惠等特性成为了它被大多数的厂商所采用的理由。

鲍鱼贝：高级海洋珍品鲍鱼贝作为钮扣材料自古以来就有，鲍鱼贝独特曲折的形状，使得光泽可以向多方向反射，无论从哪个方向看都是一颗漂亮钮扣，自然折射出香香槟酒色，从灰色到蓝色的光泽衬托出一种酷感，充分映射出一种天然素材的感觉。

香蕉贝：香蕉贝是淡水贝类的一种，因其外型极似香蕉而得名，制成钮扣，其光泽雅致自然，略带一些彩光，背面有自然纹理，易染色，常用于衬衣扣。

企鹅贝：企鹅贝是生长在热带和亚热带地区珍珠的母贝，其最大的特点是从企

鹅贝细腻的纹理中反射出的柔和的红色光泽。因其柔亮自然的质感，最适合休闲服装及各类妇女服饰品。特别是配合白色系列的服装会显得更加漂亮可爱。

尖尾螺：尖尾螺自古以来就是被用来制作的一种白色系的卷贝，即使到现在，服装行业所采用的绝大多数钮扣仍由尖尾螺加工而成，其红色的光泽、耐久性、价格经济实惠等特性成为了它被大多数的厂商所采用的理由。

茶碟贝：茶碟贝是生长在热带和亚热带地区珍珠的母贝，其最大的特点是从茶碟贝细腻的纹理中反射出的柔和的红色光泽。因其柔亮自然的质感，最适合休闲服装及各类妇女服饰品。特别是配合白色系列的服装会显得更加漂亮可爱。

墨西哥鲍鱼贝：在墨西哥美丽的洋和蓝色天空下生长的鲍鱼贝，是一种以绿色为基调，同时伴和着粉红色、银色、蓝色等各种各样颜色在一起的美丽贝壳，自古以来就受到人们的青睐，广泛地被用于高级的漆器、工艺品及刀具手柄的装饰，如果加工成钮扣，因各个部分都能呈现出异样的美丽花纹，所以最适合西装和手工艺品等重点部分的表现。

老虎贝：老虎贝在国内被称作"干贝"，在古代因作为象征着财富及孕妇平安分娩的吉祥物而受到极大重视的一种贝壳。它是一种有美丽纹理及可爱形状的贝壳，用这种老虎贝做成钮扣，常用于流行的时尚设计。

企鹅贝

神奇的贝壳

贝壳的药用价值 〉

贝壳来自软体动物,贝壳的药用有着悠久的历史,贝类的肉(包括其内脏)一般可供食用,有些还是著名的海味珍肴、医药上多属于补品,如日常生活中常见的鲍鱼(其壳为中药石决明)、蠔(牡蛎)、螺等。贝壳的主要成分一般相差不大,主含碳酸钙(占80~90%)与磷酸钙,故其临床功效也多有相似之处。但贝类所含的微量元素及有机物(如蛋白质)与其功能有很大关系。贝类的临床应用主要有以下功效。

1.滋阴清热:如石决明、牡蛎、珍珠、珍珠母、紫贝齿、海蛤等,性多寒凉,功能为滋阴清热,主治阴虚内热,虚火上炎,潮热盗汗等病症,小儿高热抽搐亦可用。由于钙盐在临床上多有解热效应,如最常用的清热药石膏即钙的硫酸盐,贝类的清热可能与之有关。

2.安神定志:珍珠、珍珠母、紫贝齿、牡蛎等药,多有安神定志的作用,主治心神不安、心悸、心烦、失眠、健忘等病症。

3.平肝潜阳:石决明、牡蛎、珍珠、珍珠母、紫贝齿、瓦楞子等药,多有平肝潜阳的功效,主治肝阳上亢、头晕目眩、肝风内动、四肢抽搐、惊风癫痫等病症。其中,牡蛎尤属常用,如复方大定风珠、镇肝息风汤、阿胶鸡子黄汤等均含有牡蛎。由于钙剂的生理功能具有抑制神经应激的作用,可能与安神、平肝的疗效有关。

4.明目退翳:石决明、紫贝齿、田螺等,具有明目退翳之功,对急性期目疾如肝火上炎,目赤肿痛等即可用;对慢性目疾如肝肾阴亏,视物模糊以及目生翳障等亦有效。其中,石决明尤属常用,其名即与明目有关。《证治准绳》石决明散伍枸杞子、木贼草、荆芥、桑叶、谷精草、金沸草、蛇蜕、苍术、白菊花、甘草等,临床加减可作为眼科疾患的通用方。

5.化痰止咳:海蛤壳、瓦楞子、牡蛎、白螺壳等,多有化痰之功,性寒凉,故主治痰火郁结、咳嗽痰多、气逆喘促、胸胁疼痛。《丹溪心法》海蛤丸伍瓜蒌，原治痰饮心痛，临床上用治慢性气管炎甚佳。咳血者可用海蛤壳研粉炒阿胶（即阿胶珠），加入处方中甚效。

6.软坚散结：瓦楞子、牡蛎、海蛤壳等，具有软坚散结之功，主治瘿瘤瘰疬、乳中或睾丸结核、症瘕痞块等病症。消瘰丸（牡蛎配玄参、贝母）被近代临床报道甚多。

7.收敛固涩：牡蛎、乌贼骨、紫贝齿、珍珠母等，具有收敛固涩之功，主治虚汗、泄泻、遗精、崩漏、带下等病症。乌贼除了骨外，其墨也可用于止血。珍珠母可代珍珠，外用尚可敛疮疡，著名中成药珠黄散即伍牛黄制成，治口疮、咽喉溃烂。钙盐外用可收敛制泌，并可减低毛细血管的通透性及促进凝血作用。

8.利尿通淋：石决明、紫贝齿、田螺等，具有利尿通淋之功，主治小便不通与滴沥。单方田螺捣烂（加冰片、葱头或乳香均可）敷于关元穴治尿闭，有一定疗效。

9.制酸止痛：瓦楞子、牡蛎、白螺壳、海蛤壳、乌贼骨等，具有制酸止痛作用，主治胃酸过高，泛酸吞酸，脘腹疼痛等病症，许多治溃疡处方中每多用之。这一功效与钙盐有关。

10.强壮滋补：上述各种贝类的肉（包括内脏），或其某一部分（如干贝系扇贝的闭壳肌），均有强壮滋补作用。石决明的肉即鲍鱼，《内经》述及用其汁作药。

贝类药材使用时还应注意其炮制。一般来说，清热、安神、平肝、利尿、明目等多生用；化痰、软坚、收敛、制酸等多煅用。在汤剂时，因质硬不易煎出有效成分，需先煎。近年来，由于海洋药物的研发日益引起人们的关注和重视，贝类药物也有很大的发展。新发现了很多药物资源，如海石鳖、海兔粉等。在应用方面，如从许多海生软体动物的匀浆中，可制成具有抗肿瘤作用的物质。当今许多的保健品也来自贝类。

贝壳的传说

贝壳马赛克 〉

• 贝壳马赛克的由来

马赛克一词源于古希腊，意为"值得静思，需要耐心的艺术工作"。作为古罗马时期已存在的最古老、最有吸引力的装饰手段，马赛克同时也是具有最强表现力的艺术形式。"马赛克"以一幅骄傲的面孔，成为了人们喜爱的建筑材料。贝壳马赛克是马赛克旗下一款以其别具一格的材质、已形成的独特的艺术风格而被设计师广泛应用于全球的室内装饰，是当今最新型的建材装饰材料。

传统马赛克分类有：大理石马赛克、玻璃马赛克、陶瓷马赛克、金属马赛克、石英马赛克、水晶马赛克。

1.陶瓷马赛克：是最传统的一种马赛克，以小巧玲珑著称，但较为单调，档次较低。

2.大理石马赛克、金属马赛克、石英马赛克、水晶马赛克、玻璃马赛克：是中期发展的一种马赛克，丰富多彩，但或者有耐酸碱性差，或者有防水性能不好，或者有辐射，或非纯天然材料制造产品，所以对品位高客户来说，非最佳选择。

贝壳马赛克产品是在马赛克产品广泛被使用后发展起来的，是以特殊存在方式存在的，解决了传统马赛克产品的弊端。它是由纯天然的珍珠母贝壳（白碟贝、黑碟贝、黄碟贝、鲍鱼贝、牛耳贝、粉红贝）组成一个相对的大砖或（片）。它的表面晶莹、色彩斑斓、高贵迷人，散发着来自大自然的气息，它的纯天然和环保，可以让消费者远离辐射、甲醛污染，深受人们青睐，因而被广泛使用于室内小面积地、背景墙面及室内大、小幅墙面以及作为装饰画板、家具表面装饰、贝壳工艺品、服饰配件等。同时也可做成贝壳瓷砖、贝壳大理石等。对传统的马赛克，是更具个性和新活力的产品。

吸水率低——这是保证马赛克持久耐用的要素，所以贝壳马赛克的 0 吸水性在马赛克领域里一枝独秀，已经成军异军突起之势，势不可挡。这样就决定了贝壳马赛克在马赛克产品中的主导地位，它必将取代传统产品取而代之。

• 贝壳马赛克的应用

国际设计大师们开始将贝壳马赛克的传奇经历继续续写，她的影子出现在上层社会的视线中：超星级酒店、高档别墅、高级会所、高档商业空间……

贝壳马赛克不但沿袭了珍珠的典雅，将海洋的神秘与高贵带入了室内装饰设计中；而且其天然的纹理、斑斓的色彩，以及变幻莫测的光泽效果都为室内空间注入了新的活力，为室内空间设计带来了一抹春风。贝壳马赛克做为一种新型的装饰材料，游走于各种装饰风格中，游刃有余，在洛可可、地中海、简约风格等装饰风格中独树一帜，又能完美的和其他装饰材料融合在一起。

洛可可原意是一种混合贝壳与小石子制成的室内装饰物。洛可可式建筑的主要特征是将贝类、树叶以极其丰富、半抽象的装饰形式表现出来，并充满了曲线花纹或漩涡花纹的装饰。贝壳做为洛可可风格的重要组成元素，扮演着重要的角色，而贝壳马赛克则是最能展现贝壳魅力的艺术载体，不论是造型、颜色都能更好地体现洛可可的艺术魅力。

地中海风格以极具亲和力的田园风味和柔情的海洋风味而著称。大海是地中海风格的基石，浪漫、温馨、阳光、自然是地中海永恒的主题，贝壳作为大海最重要的元素，为地中海风格的演绎注入了她最独特的艺术魅力，而贝壳马赛克以其天然、柔和的气息，感染着地中海风格的每一寸空间，让人沉静在海天一色的浪漫之中。

简约风格一直是现代人极力推崇的装饰风格，简约而不简单，含蓄而不直白，强调每一寸细节。贝壳马赛克以其精湛的工艺、简约的造型、含蓄的装饰风味运用于简约风格中。每一片贝壳马赛克都是精华中的精华，其制作程序之复杂，做工之精细一点也不亚于珠宝制作，对细节的把握是贝壳马赛克永恒的追求。贝壳从未表现地那么地肤浅、直白，那种淡淡的光泽、柔和的色彩演绎着一种低调的奢华。

123

BEI KE DE CHUAN SHUO

• 贝壳马赛克的保养护理

　　贝壳的主要成份是碳酸钙，所以怕酸和碱，但普通的弱酸碱（如洗涤用品等）是构成不了侵蚀的；贝壳不能被贴在户外，风吹日晒会使其退色和剥脱。它的硬度不是很强，不适宜做地板；贝壳马赛克粘贴安装的时候，可以同其它类别的马赛克（如玻璃，石材等）一样粘贴。用白水泥和胶的混合物粘贴，或直接用陶瓷粘合剂等，再擦拭干净即可；一般维护，可以用轻柔的毛布擦拭即可，尽量避免尖锐物品的碰撞及划割。

贝壳溶液 ＞

　　贝类海鲜是人们十分喜爱的食物，但遗留下的大量贝壳却成为难以分解处理的垃圾。有幸的是，日本科学家在利用"垃圾贝壳"上，已获得了很大的成功。

　　他们发现，贝壳富含的碳酸钙，是诸多常见的病菌，其中包括沙门氏菌、脚气病菌、大肠杆菌的克星。试验证实，将贝壳中提取的碳酸钙制成溶液，大肠杆菌置入后不到10分钟，就被全数杀灭。据此，"贝壳溶液"可替代医院长期使用的传统化学消毒液，不仅消毒效果好，而且不会对环境产生任何化学污染。

　　令人惊奇的是，这种"贝壳溶液"尽管碱性很强，但却不会像其他碱性溶液那样起腐蚀作用，乃至伤害人的皮肤。这是因为，由于贝类生活在海水中，而海水溶解有多种阻止腐蚀的矿物质成分，故"贝壳溶液"也是一种安全的家用消毒剂，特别适用于给厨房、浴室和卫生间消毒杀菌。

贝壳涂料 >

居室装修和家具制作时都大量使用甲醛作为黏合剂，但甲醛是一种有挥发性的化学物质，吸入后自然会对人体产生不利影响，甚至可能诱发癌症。而日本专家开发的一种掺和有贝壳粉的墙壁涂料，可在10分钟内使房间中的甲醛浓度降低至原来的五分之一，此外还能吸收种种化学涂料散发出来的其他有害成分，保证使室内空气中的有害化学成分控制在较低水平。目前，日本共有1000多所养老院和小学首批使用了这种神奇的"贝壳涂料"。

电子显微镜显示，贝壳粉末含有许多小洞，挥发性物质甲醛一旦进入小洞，贝壳特有的碳酸钙就会将其分解为氢和二氧化碳等对人体无害的元素。

从"贝壳垃圾"中提取碳酸钙工艺也并不复杂：先将其在1050摄氏度的高温下焚烧3个小时，以去除贝壳含有的蛋白质、脂肪等有机物，最后便可获取纯度较高的碳酸钙粉末。

贝壳粉涂料是涂料工业的绿色革命，它作为室内墙体涂料，能够为我们的健康减少疾病。将贝壳粉应用于涂料是远古文明与现代科技的碰撞融合，也是海洋生物工程科技的一朵奇葩，它具有：

1.吸附甲醛、苯、氨气等有害气体的功能；

2.消除异味功能；

3.抗菌、抑菌作用；

4.防静电性能；

5.调节空气湿度独特的"水呼吸"功能；

6.防火阻燃；

7.减弱噪音等多种特性，它可以挥发有害物，对化学物质过敏的人群，如：哮喘病、花粉症等是最适合的天然材料，尤其适合长期室内办公的工作人员、少年儿童、孕妇、老人等。所以，它是家庭、幼儿园、学校、敬老院、办公室、写字楼、医院、宾馆、娱乐场所、疗养院等地装修的最佳选择。

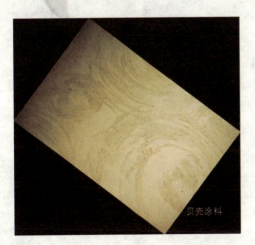
贝壳涂料

贝壳的传说

BEI KE DE CHUAN SHUO

▷ 海水颜色之谜

晴朗的夏日，面对烟波浩渺的大海、蔚蓝色的海面，辉映着蔚蓝色的天穹，极目远眺，水天一色，极为壮观。而事实上，海洋水和普通水并没两样，都是无色透明。为什么看见的海水呈蓝色呢？原来，五颜六色的海水形成的原因是海水对光线的吸收、反射和散射的缘故。人眼能看见的七种可见光，其波长是不同的，它们被海水吸收、反射和散射程度也不相同。其中波长较长的红光、橙光、黄光，穿透能力较强，最容易被水分子吸引，射入海水后，随海洋深度的增加逐渐被吸收了。一般来说，当水深超过 100 米，这三种波长的光，基本被海水吸收，还能提高海水的温度。而波长较短的蓝光、紫光和部分绿光穿透能力弱，遇到海水容易发生反射和散射，这样海水便呈现蓝色。紫光波长最短，最容易被反射和散射，为什么海水不呈紫色？科学实验证明，人眼对可见光有一定偏见，对红光虽可见到，但是感受能力较弱，对紫光也只是勉强看到，人的眼睛由于对海水反射的紫色很不敏感，因此往往视而不见；相反地对蓝绿光都比较敏感，这样，少量的蓝绿光就会使海水中呈现湛蓝或碧绿的颜色。

图书在版编目（CIP）数据

贝壳的传说／刘晓玲编著 . — 长春：北方妇女儿童出版社，2015.12（2021.3重印）

（科学奥妙无穷）

ISBN 978 - 7 - 5385 - 9622 - 9

Ⅰ . ①贝… 　Ⅱ . ①刘… 　Ⅲ . ①贝类 – 青少年读物 Ⅳ . ①Q959.215 - 49

中国版本图书馆 CIP 数据核字（2015）第 272898 号

贝壳的传说

BEIKE DE CHUANSHUO

出 版 人	刘　刚
责任编辑	王天明　鲁　娜
开　　本	700mm×1000mm　1/16
印　　张	8
字　　数	160 千字
版　　次	2016 年 4 月第 1 版
印　　次	2021 年 3 月第 3 次印刷
印　　刷	汇昌印刷（天津）有限公司
出　　版	北方妇女儿童出版社
发　　行	北方妇女儿童出版社
地　　址	长春市人民大街 5788 号
电　　话	总编办：0431 - 81629600

定　　价：29.80 元